SYSTEM THEORY OF SAFETY CULTURE

安全文化系统论

郭仁林 ◎ 著

企业管理出版社
ENTERPRISE MANAGEMENT PUBLISHING HOUSE

图书在版编目（CIP）数据

安全文化系统论 / 郭仁林著 . —北京：企业管理
出版社，2023.6
ISBN 978-7-5164-2856-6

Ⅰ . ①安… Ⅱ . ①郭… Ⅲ . ①安全文化 – 研究
Ⅳ . ① X9

中国国家版本馆 CIP 数据核字（2023）第 120549 号

书　　名：安全文化系统论
书　　号：ISBN 978-7-5164-2856-6
作　　者：郭仁林
策　　划：杨慧芳
责任编辑：杨慧芳
出版发行：企业管理出版社
经　　销：新华书店
地　　址：北京市海淀区紫竹院南路 17 号　　邮编：100048
网　　址：http://www.emph.cn　　电子信箱：314819720@qq.com
电　　话：编辑部（010）68420309　　发行部（010）68701816
印　　刷：北京亿友创新科技发展有限公司
版　　次：2023 年 7 月第 1 版
印　　次：2023 年 7 月第 1 次印刷
开　　本：710mm×1000mm　　1/16
印　　张：16.5 印张
字　　数：259 千字
定　　价：88.00 元

进入新时代，踏上新征程，面对新挑战，党中央、国务院把安全生产的重要性提升到了一个新的高度，要求坚持人民至上、生命至上，统筹好发展和安全两件大事，把安全工作贯穿于贯彻新发展理念和构建新发展格局的总体战略部署中，将安全生产管理作为实现中国式现代化发展的重要保障和支撑。

习近平总书记在中国共产党第二十次全国代表大会上的报告中指出："坚持安全第一、预防为主，建立大安全大应急框架，完善公共安全体系，推动公共安全治理模式向事前预防转型。推进安全生产风险专项整治，加强重点行业、重点领域安全监管。"这为企业做好新时期安全生产工作，全面提升安全生产管理水平和应急管理能力指明了方向。

企业的安全生产体系是社会公共安全体系的重要组成部分，社会的稳定和经济的顺畅运行离不开企业的安全工作。尽管我国企业的安全工作不断取得显著成效，安全事故逐年减少，但也要清醒地认识到当前我国安全生产工作的艰巨性和复杂性，安全发展基础依然薄弱，安全生产工作在不同地区、行业和企业之间进展不平衡，仍然潜藏着各类事故隐患，要在进一步化解存量风险的同时，注重防范可能出现的增量风险。安全责任重于泰山。只有时刻把安全工作放在首位，不断完善安全制度和安全管理体系，提高安全技术与装备水平，积极开展安全生产标准化建设，不断增强安全风险预控与应急处置能力，尤其要重视安全文化建设，持续强化安全教育，提升全员安全责任意识，才能有效遏制人为因素带来安全风险。

安全文化工作是企业安全生产管理体系中的基础性工作，是企业实现本质安全的重要抓手，必须长期坚持、常抓不懈。无论安全技术和安全装备有多么先进，安全制度有多么完善，安全管理流程有多么健全，如果没有做好企业安全文化工作，没有建立有效的安全文化体系，就无法真正践行安全文化的价值理念，无法将安全工作的责任目标真正贯彻到每个人的实践行动中。然而，要建立行之有效的安全文化体系，首先就要建立安全文化的系统理论与实践方法的总体框架。在此推荐的《安全文化系统论》就是一部非常值得参考的读物。

　　《安全文化系统论》以理论分析与实证研究相结合的方式，就企业如何建立安全文化体系，架构科学有效的安全文化模型进行了深入的介绍，以煤矿行业作为典型案例进行了剖析，并对中外企业安全文化模型做了比较分析。本书突出的特点是由浅入深、逻辑缜密，既有经典的理论阐述，又有行业实践成果的对照解析。本书适合企业安全文化管理者和相关咨询从业者学习借鉴。

应急管理部调查统计司原一级巡视员

李生盛

任何理论研究与实践总结都是相辅相成的，安全文化也是如此。随着工业文明的不断进步，安全生产管理的理论与实践不仅日趋复杂化和多样化，而且更具系统化和规范化。可以说，安全管理理论与实践都取得了长足发展。在这当中，安全文化理论与实践作为安全管理理论与实践的重要支撑，在不断受到重视的同时，也逐步建立起了更加系统的理论体系和行之有效的方法体系。

保障生命与财产安全既是安全工作的本质要求，也是一切安全工作的基本目标，而要达到这一要求和实现这一目标，需要对安全工作起主导作用的人员通过一系列安全操作和安全工具的使用才能完成。这个过程的复杂性主要体现在：建立完善的安全制度体系，制定严格的安全操作规程，对可能的安全隐患提前做出预判并采取相应的防范措施，以及每一个跟安全有关的人员严格执行安全操作规程等。但即便如此，也不能说安全工作可以万无一失了，因为由人为因素带来的安全问题仅仅靠制度的约束和流程的规范是远远不够的，需要通过强化安全文化建设，不断提高人的安全责任意识，把"我想安全、我会安全、我能安全"真正地内化于心，主动自觉地转化为人的安全行为。

企业的安全文化建设是一项关于企业安全价值体系与安全行为规范的系统工程，用安全文化理论指导安全文化建设，有助于企业建立更为科学有效的安全管理体系。目前，有关安全文化的理论与实践方面的书籍大多是用于企业培训、宣教的教材类用书，侧重于基础性安全文化知识与方法的介绍和阐述。但是，对于很多在安全文化建设方面已经有比较成熟做法的企业来说，它们迫切需要系统性地构建高效的安全文化体系，建立适应企业安全管理的安全文化模型。《安全文化系统论》就是一部适合企业建立安全文化模型的专业用书。

　　《安全文化系统论》在阐述安全文化的基本原理和对事故成因进行深入分析的基础上，从系统理论的角度介绍了如何更好地建立安全文化模型，并以煤矿企业安全文化作为实证分析的典型，对煤矿企业安全文化系统的进化、机理、建模进行了深入阐述，做了与美国、南非、澳大利亚、日本、英国等国家煤矿企业安全文化的管理体系的比较研究，提出了完善我国煤矿企业安全文化体系的对策和建议。

　　本书兼具理论性、指导性和实用性，对一些有一定安全文化建设基础、安全文化体系相对完备，且需要进一步提升安全文化管理的理论与实践水平，建立更加科学高效的安全文化体系的企业来说，具有很好的参考价值，可作为安全文化咨询、培训的辅助性教材。

中国安全生产科学研究院原党委书记、副院长

刘国林

目 录

第一章 绪 论…………………………………………………………… 001

第一节 相关背景…………………………………………………… 001

第二节 安全文化研究回顾………………………………………… 004

第三节 安全文化研究中存在的问题……………………………… 007

第四节 安全文化研究内容………………………………………… 008

第五节 安全文化定义的归纳……………………………………… 010

第六节 安全文化定义的分析……………………………………… 011

第七节 企业安全文化定义的界定………………………………… 012

第八节 安全文化维度研究………………………………………… 012

一、维度确定的方法…………………………………………… 013

二、维度信息的沉淀…………………………………………… 013

三、沉淀信息的处理…………………………………………… 029

四、企业安全文化维度结构的确定…………………………… 040

第二章 事故致因理论…………………………………………………… 044

第一节 事故频发倾向理论与事故遭遇倾向理论………………… 044

第二节 多米诺骨牌理论…………………………………………… 046

一、海因里希骨牌理论………………………………………… 046

二、博德骨牌理论……………………………………………… 048

三、亚当斯骨牌理论（事故原因和管理体系）……………… 051

四、Weaver 骨牌理论（操作错误的表现）………………… 053

第三节　能量理论 ……………………………………………… 054

第四节　人因理论 ……………………………………………… 059

　　一、生命变化单元理论 ……………………………………… 059

　　二、目标自由警戒理论 ……………………………………… 061

　　三、动机激励理论 …………………………………………… 061

　　四、压力适应理论 …………………………………………… 062

　　五、Ferrell 理论 …………………………………………… 062

　　六、Petersen 事故致因模型 ……………………………… 064

第五节　系统论 ………………………………………………… 065

　　一、Ball 模型 ……………………………………………… 067

　　二、综合事故模型的使用 …………………………………… 068

第三章　　系统动力学模型与方法 …………………………… 071

第一节　研究方法的选择 ……………………………………… 071

　　一、经验方法 ………………………………………………… 071

　　二、理论方法 ………………………………………………… 072

　　三、系统科学方法 …………………………………………… 073

第二节　系统动力学方法的特点 ……………………………… 073

第三节　系统动力学建模方法 ………………………………… 075

　　一、状态变量方程 …………………………………………… 075

　　二、速率变量方程 …………………………………………… 076

　　三、辅助变量方程 …………………………………………… 077

　　四、常量方程 ………………………………………………… 078

　　五、表函数 …………………………………………………… 079

　　六、初始值方程 ……………………………………………… 079

　　七、源与汇 …………………………………………………… 080

　　八、物流与信息流 …………………………………………… 080

　　九、筑模和测试函数 ………………………………………… 081

　　十、控制语句 ………………………………………………… 081

第四节　系统动力学建模基本步骤 …………………………… 082

　　一、系统综合分析 …………………………………………… 082

二、建立流位流率系 ·· 083

三、建立数学的规范模型 ·· 084

四、系统结构分析 ·· 084

五、模型的检验与评估 ·· 084

六、调控或决策方案的模拟 ·· 084

七、最终决策方案确定 ·· 085

第五节 系统动力学模拟软件的选择 ······································ 085

第四章 煤矿企业安全文化系统分析 ·· 086

第一节 企业安全系统的内涵分析及其系统特性研究 ···················· 086

一、企业安全系统与企业系统的关系分析 ·························· 086

二、企业安全系统及其概念模型 ·································· 090

三、企业安全系统的系统特性分析 ································ 094

四、企业安全系统总体特征 ······································ 101

第二节 煤矿企业安全系统及其进化总体分析 ·························· 102

一、煤矿企业安全系统及其概念模型 ······························ 102

二、煤矿企业安全系统的动态演化过程分析 ························ 109

三、煤矿企业安全系统的进化分析 ································ 111

四、煤矿企业安全系统进化的动力分析 ···························· 115

五、煤矿企业安全系统进化的动力结构模型验证 ···················· 119

六、煤矿企业安全系统总体特征 ·································· 122

第三节 基于事故系统观的煤矿企业安全系统进化方式 ················ 122

一、煤矿企业安全系统的物质条件进化分析 ························ 123

二、煤矿企业安全系统的人员安全素质进化分析 ···················· 126

三、煤矿企业安全系统的系统性因素进化分析 ······················ 127

四、煤矿企业安全系统的社会性因素进化分析 ······················ 129

五、基于事故系统观的煤矿企业安全系统进化模型 ·················· 133

六、煤矿企业事故系统总体特征 ·································· 134

第五章 煤矿企业安全文化系统机理分析 ···································· 135

第一节 煤矿企业安全文化形成机理的理论基础 ························ 135

一、复杂社会技术系统中的安全文化 …………………………………… 135

二、知识的类型及其特征 …………………………………… 137

三、系统经济学基本原理 …………………………………… 139

四、自组织理论原理 …………………………………… 140

第二节 煤矿企业安全文化系统构成要素及其关系 …………………………………… 141

一、系统构成分析 …………………………………… 141

二、观念文化的核心作用 …………………………………… 142

三、其他构成要素的相互关系 …………………………………… 145

第三节 煤矿企业安全文化形成过程及演化机理 …………………………………… 147

一、企业文化形成理论总结 …………………………………… 147

二、企业内外部因素作用机理 …………………………………… 151

三、煤矿企业安全文化演化路径 …………………………………… 153

四、煤矿企业安全文化系统机理总结 …………………………………… 172

第六章 煤矿企业安全文化形成机理的动力学建模与仿真 …………………………………… 173

第一节 建模目的 …………………………………… 173

第二节 建模原理 …………………………………… 174

第三节 重要反馈回路跟踪及性质分析 …………………………………… 175

第四节 系统流图及重要变量关系的确定 …………………………………… 176

第五节 模型系统的安全文化形成仿真 …………………………………… 179

一、变量间关系的确认 …………………………………… 179

二、模型系统的仿真 …………………………………… 184

三、煤矿企业安全文化形成机理总结 …………………………………… 190

第七章 煤矿安全文化的国际比较与借鉴 …………………………………… 192

第一节 澳大利亚煤矿安全文化经验介绍 …………………………………… 192

一、较完善的法律体系 …………………………………… 192

二、较科学的安全管理体系 …………………………………… 194

三、成熟的安全文化体系 …………………………………… 195

第二节 美国煤矿安全文化经验介绍 …………………………………… 196

一、重视煤矿业安全法律体系构建 …………………………………… 196

　　二、重视煤矿开采与生产的技术创新 ················· 198

　　三、建立健全煤矿安全培训体制 ··················· 199

　　四、基于"3E"对策理论的安全监管模式 ············· 201

第三节　南非煤矿安全文化经验介绍 ··················· 202

　　一、建立法律体系 ····························· 203

　　二、严密的安全监察体系 ······················· 204

　　三、NOSA 五星安全管理体系 ····················· 205

　　四、其他方面 ······························· 206

第四节　日本煤矿安全文化经验介绍 ··················· 207

　　一、构建法律体系和监督体制 ···················· 207

　　二、提高社会安全责任意识 ····················· 208

　　三、人本管理 ······························· 209

　　四、自主安全责任管理 ························· 209

　　五、政府补贴改善矿井安全生产条件 ················ 210

第五节　英国煤矿安全文化经验介绍 ··················· 210

　　一、完善的法律体系 ·························· 210

　　二、严密的安全监管体系 ······················· 212

　　三、能源结构的转变 ·························· 213

第六节　各国煤矿安全经验总结 ····················· 213

　　一、澳大利亚煤矿安全经验总结 ·················· 214

　　二、美国煤矿安全经验总结 ····················· 214

　　三、南非煤矿安全经验总结 ····················· 215

　　四、日本煤矿安全经验总结 ····················· 215

　　五、英国煤矿安全经验总结 ····················· 215

第八章　完善我国煤矿安全文化体系的对策和建议 ········· 217

第一节　深化煤矿安全文化体制改革 ··················· 217

　　一、加快转变政府职能，建设服务型政府 ············· 217

　　二、完善分类控制规制体系，优化煤炭工业的供给结构 ······ 218

　　三、优化煤矿安全文化的外部环境 ················ 221

　　四、建立独立的规制机构，实现政企监的分离 ··········· 221

第二节　加强煤矿安全监管，推进执法专业化 ……………………… 222

　　一、明确煤矿安全监察和监管的职责 …………………………… 222

　　二、加强监管责任落实严格追究责任 …………………………… 222

　　三、加强队伍建设，强化执法的专业化和标准化 ……………… 223

　　四、突出企业主体责任，加强安全基础工作 …………………… 223

第三节　推进煤矿安全质量标准化建设 ………………………………… 224

　　一、从规程措施编制源头重视标准化创建工作 ………………… 225

　　二、继续强化安全质量标准化工作监管 ………………………… 225

　　三、注重典型模式的示范带动 …………………………………… 226

　　四、将标准化创建工作常态化 …………………………………… 226

第四节　加强煤矿安全软实力建设 ……………………………………… 227

　　一、提升"以人为本"的安全思想境界 ………………………… 227

　　二、加强安全生产法治建设 ……………………………………… 228

　　三、加强生产环境的建设 ………………………………………… 229

　　四、以实践性目标为导向 ………………………………………… 229

第五节　加强煤矿安全培训，提高煤矿工人素质 …………………… 230

　　一、加快完善安全培训教育制度和体系 ………………………… 230

　　二、改善煤矿工人结构，提升煤矿工人素质 …………………… 231

　　三、教育培训工作要以结果为导向 ……………………………… 231

　　四、改善安全教育培训的硬件设施 ……………………………… 232

第六节　煤矿人力资源管理 ……………………………………………… 232

　　一、对煤矿行业人才培养体系的长远规划 ……………………… 233

　　二、企业内部对人才的资源管理 ………………………………… 233

第七节　充分发挥经济杠杆在煤矿安全建设中的作用 ……………… 235

　　一、强化煤矿安全保险制度 ……………………………………… 235

　　二、采用优惠的税收政策鼓励煤矿安全发展 …………………… 236

　　三、提高职工伤亡抚恤标准 ……………………………………… 236

参考文献 ……………………………………………………………………… 238

第一章　绪　论

第一节　相关背景

随着全球经济一体化，我国经济与世界各国联系越来越紧密。尽管这一切给我们带来了巨大的机遇和挑战，然而由于企业生产安全的问题层出不穷，我国产品在国际市场上的竞争力还是被大大削弱，因此生产安全越来越引起各级政府和企业的关注。

近些年，我国政府已经建立了相对健全的法律法规体系，加大了对企业的支持和监管力度。同时企业也积极采取措施，不断建立健全安全管理制度、加大安全投入、进行技术攻关、使用先进设备。经过多年的努力，通过安全技术和安全管理手段，我国生产事故率已有明显降低。图 1–1 和图 1–2 分别为 2001—2008 年全国各类事故总起数和死亡总人数的趋势图，可以看出，2001 年全国各类事故近 100 万起，死亡总人数达 13 万人；至 2008 年全国各类事故约为 40 万起，死亡总人数约为 9 万人。由此可见，8 年间全国各类事故总起数降低了 60%，死亡总人数减少了 30% 左右，生产安全状况逐步趋于好转。

尽管我国事故量近年有下降趋势，但安全形势依然严峻。我国是发展中国家，经济处于快速发展时期，安全生产投入有待进一步提高，安全生产监督体制也依然存在不能适应经济快速发展需求的短板。当前我国事故总量仍然较大，安全基础仍然薄弱，安全生产水平依然不足，重特大事故仍时有发生。如何有效减少生产过程中的事故已成为政府、企业及广大百姓热切关注的问题，更是众多从事安全科学的研究者和实践者迫切要解决的问题。

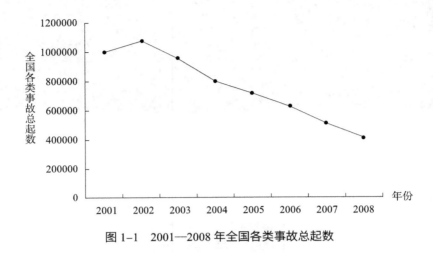

图 1-1　2001—2008 年全国各类事故总起数

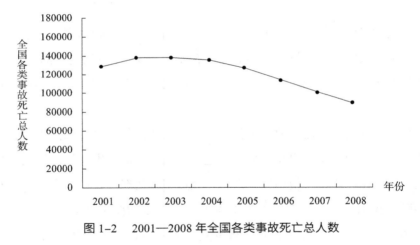

图 1-2　2001—2008 年全国各类事故死亡总人数

　　纵观安全生产的发展过程，可将人类进行事故预防的进程分为三个标志性阶段（图 1-3）：第一阶段，人类预防事故的手段主要依赖于硬件，通过工程手段、安全设备和设施使得安全水平得以提高；第二阶段，随着生产系统复杂性、精细化程度的提高，当人类仅仅通过硬件条件的改变不足以满足安全生产的需求时，安全管理体系的发展大大弥补了技术手段的欠缺，安全管理体系、风险评估对事故预防起到了重要的作用；第三阶段，如今人类仍旧持续地向零事故目标努力，而实现这个目标的基本理念锁定在企业不仅要有优秀的管理方案和管理过程，而且企业中的每一个人都应具有真正的安全文化理念，对于每一个人，安全文化应该深入人心。

科技
Technology

系统
Systems

□ Engineering 工程
□ Equipment 设备
□ Safety 安全
□ Compliance 遵守

□ Behaviours 表现方式
□ Leadership 领导才能
□ Accountability 有责任
□ Attitudes 态度
□ HSE as a profitcentre HSE为利润中心

□ Integrating HSE HSE融合
□ Certification 证书
□ Compliance 遵守
□ Risk Assessment 风险评估

文化
Culture

图 1-3　Hudson Patrie 提高安全绩效示意图

近年来，国内外无论是学术研究还是生产实践，安全文化都成为一个热点关注问题。《中国安全生产发展战略——论安全生产保障五要素》在分析我国安全生产现状的基础上明确提出，安全文化发展战略是我国安全生产的首要战略。《供电企业生产作业风险管理理论与实践丛书》中从事故致因理论和安全绩效两个相对立的概念入手，提出了事故/事件管理、风险管理和安全文化是目前我国企业安全生产的三个关键方法（图1-4），而通过安全文化建设提升企业安全绩效的管理方法居于三者之首。

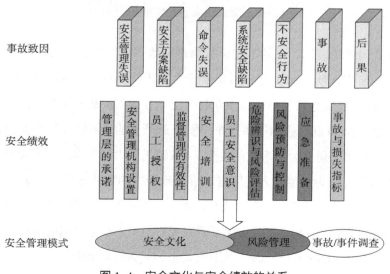

图 1-4　安全文化与安全绩效的关系

安全文化建设方法的最终目的是事故预防与控制。近年来，我国各行业众多企业都在尝试采用安全文化的手段来提高企业的安全绩效，但在实际的安全文化建设中又存在着许多困惑。本书尝试从事故致因理论入手，采用原始的信息沉淀方法，梳理安全文化的理论研究成果，分析安全文化预防事故发生的机理所在，在此基础上，选择合适的行业和企业进行验证，技术路线如图1-5所示。

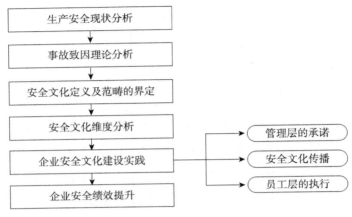

图 1-5　技术路线图

第二节　安全文化研究回顾

事故致因理论表明，人的不安全行为是导致事故发生的主要原因之一。美国杜邦公司的研究证明，每3万起不安全行为方式就孕育着3000起被忽视的隐患；每3000起被忽视的隐患就孕育着300起可记录在案的隐患；每300起可记录在案的隐患就孕育着30起严重的违章操作；每30起严重的违章操作行为就孕育着一起安全事故。杜邦公司认为，事故的发生，4%源于人力所不及的不安全状况，96%源于人的不安全行为。鉴于人的因素在事故致因中的重要地位，安全文化建设作为改善人的因素的终极手段，它的成功与否成为企业安全管理工作的关键。

20世纪30年代的霍桑实验引起了研究者对组织中社会因素的重视，引发了对组织氛围（Organizational Climate）及组织文化（Organizational Culture）的研究热潮。在高风险组织中，"安全第一"是人们的共识，也是其组织文化的显著特征。人们的安全态度、安全承诺，以及组织对安全员、安全培训的态度等社会因素均影响安全绩效或不安全行为。由此形成了组织的安全文化（Safety Culture）研究领域。

作为控制和减少事故的最终手段，安全文化已经越来越受到广泛的关注，安全文化已经成为企业安全管理的最终手段。在 Safety Science 和 Journal of Safety Research 期刊网站上输入关键词 Safety Climate & Safety Culture 检索文献，按出版时间分为 2000 年以前、2000 —2009 年和 2010 年后三个时间段，统计对应的文献篇数，如表 1-1 所示。从表中可以看出，越来越多的研究者已经致力于安全氛围和安全文化的研究，尤其 2000 年 Work & Stress 杂志和 2010 年 Safety Science 杂志都曾出版过关于安全文化的专辑来探讨安全文化的发展方向。安全氛围和安全文化已成为安全界研究的热点问题。

表 1-1　Safety Science 和 Journal of Safety Research 杂志
有关安全氛围和安全文化的文献篇数

年 代	2000 年以前	2000 —2009 年	2010 年以后
文献篇数	32	186	245

从 1980 年至今，对安全文化的研究已有 40 多年的历史。基本概念是一个研究的出发点和结果解释的框架，安全文化研究面临的一个首要问题就是概念的界定（Hale, 2000; O'Toole, 2002）。1980 年 Zohar 第一次提出并使用了安全氛围一词（Zohar, 1980）。1986 年，国际核安全咨询组织（International Nuclear Safety Advisory Organizatino, INSAG）在提交的切尔诺贝利事故后审查会议总结报告中首次提出安全文化一词（IAEA, 1986; OECD Nuclear Agency, 1987），并在 1991 年出版的《75—INSAG—4 评审报告》中给出了安全文化的定义（INSAG, 1991）。1980 年至今，许多研究者根据各自研究的结论，从不同角度提出了安全氛围或安全文化定义。还有许多综述性的文献对之前的安全氛围或安全文化定义进行了归纳并提出了自己的观点（Gulden-mund, 2000; Cooper, 2004）。然而至今安全文化定义仍然存在较大分歧，给出的定义大都较笼统，大多与认知、信念、态度有关。安全氛围和安全文化两个概念也经常被混淆。虽然安全氛围与安全文化有一定的区别，但并不是两种不同的现象，而是理解上的不同，因此很多研究者将其统一使用（Dennison, 1996; Gadd, 2002）。

研究安全文化定义的同时，很多研究者对安全文化的维度结构也进行了研究。从传统社会心理学或组织心理学来看，安全文化的结构是有限多维的，只要确定这些关键维度，就能通过这些维度有效衡量安全文化（于广涛，2004）。在安全文化的研究过程中，维度结构的确定自然成为核心问题。研究者根据自己研究的需要，开发了不同的维度结构，因此，在这一方面存在很大争议。争论的焦点在于哪些维度能最有效地反映安全文化，哪些项目可以更好地测量这些维度。

1980 年 Zohar 开发了第一套测量安全氛围的方法，设计了第一套安全氛围调查问卷，提出了影响安全氛围的 8 个维度，对安全氛围的定量研究进行了初步的探索（Zohar, 1980）。在 Zohar 的影响下，实证性研究开始逐渐增多。然而 Glennon，Brown 和 Holmes，Dedobbeleer 和 Béland 应用 Zohar 的问卷，在不同的企业进行调研，分别得到了与 Zohar 不同的维度结构（Glennon, 1982; Brown, Holmes, 1986; Dedobbeleer, Béland, 1991）。Coyle 在同一机构下两个规模相当的企业用几乎相同的安全氛围问卷进行调查，也没有得到相同的维度结构（Coyle, 1995）。或许某些影响安全氛围的因素适用于某个企业但不一定在其他企业有效（Cox, Flin, 1998；McDonald, Ryan, 1992）。Glendon 和 Lither-land 认为应该存在一个稳定的、普遍适用的维度结构（Glen-don, Litherland, 2001）。Dong-Chui Seo 等在两个不同企业进行研究第一次得到了一个稳定的安全氛围维度结构，并在美国的粮食行业进行了验证。由于其研究样本数量的有限性，不能推广到其他行业或粮食行业的其他企业（Dong-Chui Seo, 2004）。

不同研究者采用不同的概念、不同的观点，通过不同的行业样本、不同的研究工具和不同的数据处理方法，贴上不同的维度标签，导致目前庞杂的安全文化维度结构，即具体操作上的差异掩盖了本质上的共性。面对维度结构的较大差异，Dedobbeleer 和 Bélands、Guldenmund、Flin、Dong-Chui Seo、Albert Chan 等研究者将诸多维度结构进行归纳分析，试图找到安全文化本质的内在特征。诸多研究者的归纳结果中出现频率最高的维度是安全管理及与安全管理相关的因素，如管理承诺，但到目前为止仍没有提出能够反映安全文化内在本质的维度结构。

在确定安全文化维度的基础上，各研究者通过设计能反映各维度在企业中实际情况的题项，用问卷调查的方法对企业安全文化进行测量，以达到对企业安全文化定量研究的目的。

上述研究都将企业安全文化放在单一层面上来研究。近年来，安全文化被重新定义为一个多层次的结构（Zohar, 2000; Zohar, 2005; Zohar, 2008; McDonald, Ryan, 1992）。由于决策层、管理层、员工层的安全使命各不相同，导致了安全态度也不相同。以往对组织层面的安全氛围研究较多，问卷题项多是考察组织层面的认知，而问卷则一般发放给基层员工，这就产生了数据搜集层面和想要测量层面的不对应问题。

因此，需要有更多的研究者对这一问题进行深入研究。

2000年以来，一些研究者将重点从研究安全文化本身转移到研究安全文化对安全行为和安全绩效的影响上来。多数研究表明安全文化对安全行为和安全绩效能产生积极的作用，但安全文化通过何种方式对安全行为和安全绩效起作用并没有足够的研究，因此其作用机理有待深入研究。因为安全氛围对安全行为有着显著的影响，而安全行为和安全绩效之间又存在着密切的相关关系，所以安全氛围对行为的作用会影响到安全绩效。可见，改善企业安全氛围可以提高企业的安全绩效水平。而安全氛围和安全行为关系的研究是探索安全氛围维度权重系数的一个可行途径。

无论是安全文化的测量及层次问题，还是对安全行为和安全绩效的影响问题，都是基于安全文化概念和维度的研究，然而目前安全文化的理论研究仍没有定论，那么实际应用研究就会存在根基不稳的问题。因此，对安全文化基础理论进行探讨、分析和研究，对于形成相对全面、系统而规范的安全文化理论体系具有重要的意义和实际价值。

第三节 安全文化研究中存在的问题

安全文化研究发展至今仍然存在一些问题，这些问题延缓了安全文化的发展步伐。

（1）安全文化定义不统一。各研究者从各自研究的角度提出安全文化的定义，有的使用安全氛围，有的使用安全文化，这也说明了各研究者对安全文化理解的角度不同。

（2）安全文化维度结构差异较大。各研究者根据研究需求提出的维度结构并没有体现安全文化内在的本质特征。大多数研究由于具体操作上的差异而掩盖了安全文化本质上的共性。不排除不同行业、不同企业其安全文化会有差异，但安全文化内在的本质特征是不变的，找到其本质特征有利于更好地理解和测量安全文化。

（3）企业安全文化建设难。研究安全文化的最终目的是有效建设企业安全文化，使企业全体员工的安全态度、安全意识、行为方式等与管理层取得最大程度的一致，最终提高企业安全绩效。然而，从哪些方面建设企业安全文化，如何评估企业安全文化建设的有效性仍是一个难题。

第四节　安全文化研究内容

大量文献表明：多数研究者更多将关注点放在安全文化的测量上，即对测量方法的筛选、问卷的设计、问卷的实施、运用数学方法分析收集到的数据比较重视，但对于能够反映安全文化特征的维度研究很少，多数研究者要么直接借用别人已经提出的维度结构，要么在别人提出的维度基础上稍加修改，要么运用简单的头脑风暴（请一些专家、管理人员等）得出维度结构，只有少数研究者对安全文化的维度进行了深入研究。而安全文化概念和维度是安全文化测量的基础，因此与基础理论研究一起，成为研究内容的三部分。

（1）企业安全文化定义的界定。概念是研究的基本出发点，在安全文化概念存在诸多分歧的情况下，概念本身的分歧成为安全文化进一步深入研究的障碍。本书在归纳总结前人提出的定义的基础上，结合安全文化在企业中的形成和建设过程，提出了企业安全文化定义。

（2）企业安全文化维度的确定。鉴于第三节所述安全文化存在的问题中提到的现有安全文化维度结构庞杂的特点，本书通过信息沉淀的方法，抛开安全文化由于行业、企业差异而产生的个性特征，提炼出安全文化内在的本质特征，最后确定出能够反映安全文化本质特征的维度结构。

（3）实证研究。冀中能源峰峰集团小屯矿的安全文化建设从实践中摸索而来，取得了显著成效。将安全文化维度在该企业进行验证，可以检验本研究理论成果的有效性和可行性。

本研究从现有理论出发，归纳提取出本研究的理论成果，并采用实证分析法对提出的研究成果进行了验证。针对以上三部分研究内容，采用以下方法进行研究。

① 采用文献梳理的方法界定企业安全文化的定义。

② 采用信息沉淀的方法确定企业安全文化的因素结构。

③ 采用实证分析的方法在企业中进行验证。

本研究以理论研究为主，技术路线如图 1-6 所示。

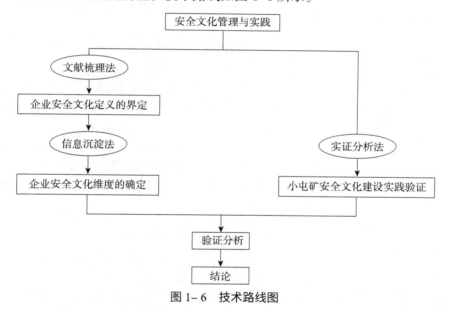

图 1-6 技术路线图

安全文化与安全氛围是从组织文化与组织氛围中衍生出来的概念。最初对氛围的研究是从组织氛围开始的，到了 20 世纪 70 年代，组织氛围的研究在概念上产生了分歧。1980 年 Zohar 首先使用安全氛围这一概念来研究组织中的社会因素对安全绩效的影响。1986 年国际原子能机构（International Atomic Energy Agency, IAEA）在"切尔诺贝利核电站事故评审会"上首次提出了"核安全文化"的概念，认为是核电站内长期存在的不良安全文化导致了事故的发生。此后，安全文化这一概念不断出现在各种事故调查报告和安全管理研究中。

第五节 安全文化定义的归纳

与组织文化的概念一样，安全文化的概念也存在诸多分歧，许多学者从各自的角度给出了安全文化的定义，表 1-2 列出了 1980—2009 年安全文化定义研究的主要成果。

表 1-2 1980—2009 年安全文化或安全氛围定义汇总

研究者	定 义
Zohar（1980）	安全氛围是一种特殊类型的组织氛围，是员工共享的关于工作环境的基本认知
Glennon（1982）	安全氛围是组织氛围的一种特殊类型，是员工对那些直接影响他们风险回避行为的组织特征的认知
Brown & Holmes（1986）	安全氛围是个体或群体持有的关于某种特殊实体的认知和信念
Cox（1991）	安全文化是员工共享的与安全有关的态度、信念、认知和价值观
IAEA（1991）	安全文化是存在于核电单位和个人中的种种特性和态度的总和，它建立一种压倒一切的观念，即核电站的安全问题由于它的重要性而受到应有的重视。安全文化具有两种主要内容：由组织政策、程序和管理行为决定的框架；个体与群体的集体反应，如价值观、信念、行为等
Dedobbeleer & Béland（1991）	安全氛围是员工持有的对其工作环境的认知
Ostrom 等（1993）	安全文化是组织的信念和态度，表现在组织的安全活动、政策和规程上，并能反映组织的安全绩效
Cooper & Philips（1994）	安全氛围是员工共享的关于工作场所的安全认知和信念
Lee（2008）	组织的安全文化是个人和组织的价值观、态度、认知、能力和行为模式的产物，决定了组织健康与安全管理的承诺、管理风格及对业务的精通程度
Williamson（1997）	安全氛围是反映在员工安全信念中的关于安全伦理的整合性概念
Guldenmund（2000）	安全文化是组织文化中那些影响与风险规避有关的行为和态度的方面
Cox & Cheyne（2000）	安全文化是员工对组织的认知与态度
Cooper（2000）	在高风险的工业组织中，安全是组织文化的显著特征，而在其他组织中，安全文化则仅仅是组织文化的一个成分，指影响安全与健康的个体、职务或组织的特征

研究者	定 义
O'Toole（2002）	安全文化是组织文化的一部分（或子集），是关于健康与安全问题的信念和价值观
于广涛（2004）	安全文化是组织成员共享的价值观和规范系统，表现在个体与群体的认知、态度、行为方式及其产物中。安全文化是组织文化的一种类型，强调安全的重要性
方东平等（2006）	安全文化是组织具有的一系列与安全相关的主要因素、信念和价值观
陆柏等（2008）	安全氛围作为"在某一特定的时期内，由一系列可被员工认知的关键要素所组成的，能够反映目标企业内部当前的安全文化属性，以及企业组织行为的安全管理现状"
Susan（2008）	安全氛围涉及员工关于他们工作环境安全状况共有的认知，并且规范员工的日常工作表现
《企业安全文化建设导则》（2009）	企业安全文化是被企业组织的员工群体所共享的安全价值观、态度、道德和行为规范组成的统一体

第六节　安全文化定义的分析

从表 1-2 可以看出，多数研究者对于安全氛围或安全文化的定义与 Zohar 的定义比较相似，都包含有分享、认知等关键词。但仔细分析，众多研究者对安全文化的看法还是存在较大的分歧，以至于 Hale 在 Safety Science 第 34 卷"安全文化"合辑的主编评语"文化的困惑"一文中，提出这样的问题："安全文化或安全氛围的概念是否存在？"（Hale，2000）。分析表 1-2 中的定义可以得出以下观点。

（1）对安全文化与组织文化关系理解的差异。有的研究者认为安全文化是组织文化的一种类型，有的研究者则认为安全文化是组织文化的一部分或者子集。

（2）大多研究者从认知、信念、态度三个方面来定义安全文化。

（3）安全氛围与安全文化这两个概念关系混乱。安全氛围是安全文化当前状态的一种表达形式，取决于组织中每个人的安全认知，它随环境的变化而变化，与感知到的特定地点、特定时间的状态有关，它是相对不稳定的；而安全文化则是一个多维的社会结构，具有多面性、多层次和整体不可分割的属性，具有更复杂且更持久的特质，反映了人们基本的价值观、规范及基本意识，与社会文化密切相连。表 1-2 中安全氛围出现 8 次，安全文化出现 11 次，不管研究者使用的是安全氛围还是安全文化，但研究的内容大致相同，有的研究者交替使用这两个概念。安全氛围与安全文化并不是两个不同的现象，而是理解上不同，因此对两个词一般不做严格的区分（Dennison，1996）。为方便起见，本书以下统一使用安全文化。

第七节　企业安全文化定义的界定

安全文化定义的分歧已成为安全文化进一步深入研究的障碍。在综述前人定义的基础上，通过分析企业中安全文化形成和建设的过程，可以认为企业安全文化是企业决策者的安全态度、安全认知、行为习惯等，通过各种渠道被广泛传播，并被全体员工认同和接受，使全体员工的安全态度、安全认知、行为习惯与决策者最大程度地保持一致，并最终体现在员工行为上。

因此，企业安全文化定义有以下 2 个要点。

（1）广泛性。企业安全文化从范围上要被全体员工认同、接受，并形成整个企业共同的安全态度、安全认知和行为习惯。

（2）一致性。企业安全文化要求全体员工的安全态度、安全认知和行为习惯与决策者最大程度地保持一致。

第八节　安全文化维度研究

安全文化是一个多维的社会结构，具有多侧面、多层次和整体不可分割的属性。对安全文化的方方面面进行研究相对较难，定量研究安全文化就更加困难（Guldenmund，2000; Hale，2000）。然而安全氛围较安全文化容易测量，因此安全文化的测量需要通过测量安全氛围来实现（Cox，Flin，1998; Glendon，Stanton，2000）。这就是许多研究者给予安全氛围极大关注的原因，尤其关注于对安全氛围定义和可靠有效测量工具的开发上。而有限个能够表征安全文化特征的向量构成了安全文化的维度，研究者们通过研究安全文化维度来研究安全文化。所以，在安全文化的研究过程中，维度的确定成为核心问题。很多研究者通过各自的调查研究，得到很多不同的维度结构，在这一方面存在着很大的争议，争论的焦点在于哪些维度能最有效、最全面地反映安全文化。研究者们通常使用文献沉淀、专家小组讨论、头脑风暴、问卷调查等方法来确定安全文化的维度。

一、维度确定的方法

目前国内外安全文化维度或指标研究众多，所涉及行业也非常广泛，但安全文化研究尚未形成系统的理论。基于此，本研究将采用原始信息沉淀的方法来确定安全文化的维度。

（1）在国内外有关安全管理的众多重要期刊如中国安全科学学报、环境与安全学报、Safety Science、Work and Stress、Journal of Applied Psychology、Journal of Safety Research 等上检索安全文化、safety culture 和 safety climate，有近千篇文献，在上述检索结果中输入维度、dimensions & questionnaire 等关键词，筛选出相关性强的 110 篇文献，最后具体研究了 68 篇中外文献（其中 59 篇外文文献，9 篇中文文献）。

（2）通过分析研究这 68 篇文献，提取各研究者提出的维度结构及其相关信息。

（3）处理提取出来的维度信息：拆分含义跨度过大的维度、合并意思相近的维度、剔除不重要的维度。

（4）依据本章第七节对企业安全文化定义的界定，结合企业安全文化建设过程以及我国当前企业的特点，确定适合我国企业的安全文化维度结构。

二、维度信息的沉淀

在阅读分析 68 篇安全文化文献之后，将各研究者提出的维度信息筛选出来，并对筛选出来的庞杂信息进行对比、分析，找出安全文化维度结构庞杂的原因，为本章确定反映安全文化本质的维度结构提供参考。

1. 维度信息的提取

早在 1951 年，Keenan 等学者就对安全氛围进行了研究，他们认为不考虑工作环境固有的风险水平，则组织因素与伤害率有关（Harry, 2009）。随后，安全氛围和安全文化的理论和研究范式均有一定的发展，但并没有达到现阶段综合理论的程度，也没有一致的测量方法（Guldenmund, 2000）。直到 1980 年，Zohar 发表了第一篇关于安全氛围测量的文章，对后来的研究者产生了深远的影响。

1980 年 Zohar 开发了第一套测量安全氛围的方法，设计了第一套相关调查问卷，对安全氛围的定量研究进行了初步的探索。他认为安全氛围与一个企业的安全记录直接相关。Zohar 先通过文献回顾的方法，得到了安全氛围的 7 个维度，接着通过从大量的文献中找出安全记录差的组织的一些具有代表性的特征来构建安全氛围的题项。Zohar 对以色列 4 个不同行业（金属加工、食品、化学、纺织）的 20 个企业进行了抽样（每个行业随机选 5 个企业，每个企业再分层抽样 20 名员工），对 400 个样本进行了共 40 个安全氛围问题的问卷调查，使用主成分分析法对因素进行分析后，确定了安全氛围的 8 个维度：安全培训的重要性、管理层对安全的态度、安全行为对升职的影响、工作场所的风险等级、工作进程对安全的影响、安全人员的地位、安全行为对社会地位的影响、安全委员会的地位。然后，对各维度进行赋值，得到安全氛围值，再对其进行分析，从而达到对安全氛围定量分析的效果。分析结果显示安全培训和管理者态度是两个最重要的维度（Zohar, 1980）。

Zohar 的研究对后来的研究思路有一定的影响，一些研究者（Brown & Holmes, 1986; Cooper & Philips, 1994; Dedobbeleer & Béland, 1991; Safety Research Unit, 1993; Coyle et al, 1995; Williamson et al, 1997; Johnson, 2007）直接或间接地使用其问卷，多数研究者进行的是探索性研究，得到的维度结构略有差别（Guldenmund, 2000）。研究者出于各自研究的需要，提出了各自的维度结构，因而安全文化维度结构非常庞杂，本节用信息沉淀的方法将 1980—2009 年的 68 篇安全文化文献中研究者提出的安全文化维度结构进行了归纳总结，按照时间顺序将研究者、国家或地区、行业、问题数量、调查对象数量、维度个数及维度等相关信息列于表 1–3 中。

表 1-3　1980—2009 年安全文化维度结构表

研究者（年份）	国家或地区	行 业	问题数量（个）	调查对象数量（个）	维度个数	维 度
Zohar（1980）	以色列的 20 个企业	金属制造、食品、化学、纺织	40	400	8	安全培训的重要性；管理层对安全的态度；安全行为对升职的影响；工作场所的影响；安全人员的地位；安全行为进程对安全的影响；安全行为对社会地位的影响；安全委员会的地位
Glennon（1982）	澳大利亚的 8 个企业	铝土矿、煤矿、金属提纯、石油炼化、水泥业、普通工程和制造业	68	198	8	安全与健康立法的影响；企业对安全与健康的态度；安全人员的组织地位；安全与健康培训的重要性；奖惩在改进安全方面的效力；部门安全记录对升职的影响；工作场所的风险等级；与生产压力相关的安全目标的地位（安全与生产的关系）
Brown, Holmes（1986）	美国的 10 个企业	生产制造业	40	425	3	员工对管理层如何关注他们健康的认知；管理层关于这些考虑如何采取积极措施的认知；员工对风险的认知
Cox S, Cox T.（1991）	欧洲的 1 家公司（北爱尔兰、英国、德国、法国、比利时）	石油生产与分销	18	630	5	自我怀疑；个人的责任；安全的工作环境；工作安排；个人避免事故的能力
Dedobbeleer N, Béland F（1991）	美国（巴尔的摩市）	建筑	9	272	2	领导承诺；员工参与

研究者（年份）	国家或地区	行 业	问题数量（个）	调查对象数量（个）	维度个数	维 度
Rundmo T（1992）	挪威	石油		915	5	工作风险；工作压力；工作环境；安全措施；冒险倾向
Ostrom et al.（1993）	美国	核电	88	4000左右	13	安全意识，团队合作；自豪与承诺；追求卓越；诚实；沟通，领导与监督；革新；培训；良好的客户关系；遵守规章；安全效力；安全设施
Safety Research Unit（1993）		钢铁、化学	65	1475	16	管理者／监督者满意，管理者／监督者的知识背景；管理者／监督者的鼓励和支持；监督者／监督者的执行力；员工与管理者的接触（沟通）；管理上的支持：会议，车间工人的满意度，硬件设施，团队成员的支持与鼓励，对车间工人的培训，自我安全管理；安全工作程序；安全信息；实践；授权
Cooper, Philips（1994）	英国	包装生产	50	374（实验初期）；187（试验结束）	7	管理者的安全态度；风险等级；工作进度；安全管理活动，安全人员和安全委员会的地位；安全培训的重要性；安全对其社会地位和提升的影响
Toivo Niskanen（1994）	芬兰	道路维护和路桥建设	工人：22 管理者：21	1890	4	安全态度；工作需求的改变，对工作的满意度；将安全作为生产工作的一部分（安全与生产的关系）
				562	4	工作需求的改变，安全态度；工作的价值；将安全作为生产工作的一部分（安全与生产的关系）
Glendon et al.（1994）	英国	电力	58		8	工作压力；事故调查和开发程序；沟通与培训；人际关系；个人防护设备；备用设备；安全政策和程序

续表

研究者（年份）	国家或地区	行 业	问题数量（个）	调查对象数量（个）	维度个数	维 度
Alexander（1997）	英国	石油公司（陆地和海上）	28	895	6	管理者承诺；安全需要；工作场所风险等级；责备；冲突与控制；支持环境
Janssen（1995）	三个国家（美国，法国，阿根廷）	制造业	20	693（美国：300；法国：241；阿根廷：152）	4	管理者重视；生产优先；安全优先；安全水平
Lee T R（2008）	英国	核工业	172	5295	9	安全程序；安全规章；工作票；工作场所风险；工作满意度；员工参与；系统抗灾能力设计；培训；人岗匹配
Berends（1996）		2个化学，1个钢铁企业	34	434	5	工作安排；遵守安全规章制度；安全的优先性；员工参与的积极主动性；安全沟通
Cabrera et al.（1997）	欧洲	7个航空公司（地勤、油料、管理）	69	389	4	组织对安全的重视；安全沟通渠道；工作安全水平；安全绩效反馈
Budworth（1997）	英国	3个化学企业	22～32		5	管理者承诺；监督人员支持；安全系统；安全态度；安全代表
英国HSE组织（1997）	英国	采矿、化工、食品	管理层：74；监督层：83；员工：80	3850	9	组织承诺；冒险；安全工作的障碍；员工安全能力；安全管理；员工的个人角色；事故报告；安全生产票

续表

研究者（年份）	国家或地区	行 业	问题数量（个）	调查对象数量（个）	维度个数	维 度
Diaz R I, Cabrera D D (1997)	西班牙	3个航空公司（尤其是地勤）	69	166	6	安全方针政策；生产与安全的关系；团队对安全的态度；明确的预防措施；机场的安全水平；工作的安全水平
Ann M. Willianson et al. (1994)	澳大利亚	包括重、轻工业，户外工人的7个车间	67	660	5	个人安全行为动机，积极地实施安全；风险判定；乐观主义
Rundmo T Hestad H, Ulleberg (1998)	挪威	海上石油 1990年：5个公司的8钻井平台；1994年：9个公司的12钻井平台		1990年：915；1994年：1138	6	工作压力；工作环境；对安全及其应变措施是否满意；安全承诺与参与；安全态度；事故预防
Cheyne et al. (1998)	英国和法国	一个制造企业的4个工厂		915	5	安全管理；沟通；员工参与；安全标准和目标；个人的责任感
Mearms et al. (1998)	英国	10个近海石油采油点	52	722	6	工作压力；工作的清晰透明度；沟通；安全行为；风险认知；对安全措施和安全态度的满意
Carroll (1998)	美国	核电	45	115	5	管理层支持；信息的公开；安全知识；工作实践；安全态度
Clark (1999)	英国	铁路部门	25	312	5	工作风险等级；安全规章制度与执行；现场管理；当地政府作用；直接部门安全责任

续表

研究者（年份）	国家或地区	行　业	问题数量（个）	调查对象数量（个）	维度个数	维　度
Chan A Tan C M（1999）					8	安全规章制度；同事对安全的态度；监督人员的作用；个人风险识别能力；工作压力；承包方管理；安全专业人员；承包方管理
Douglas A. Wiegmann et al.（2002）					5	组织领导承诺；管理层参与；员工授权；奖惩制度；报告系统
潘游（2006）	中国	石油及制造业	32	200	8	公司管理承诺；交流；安全规章制度；员工参与；工作风险评价；管理行为；政府管理部门；组织结构
仁德曦，胡泊（2000）	中国	核电营运			12	公司管理承诺；安全态度；监督约束；工作风险评价；工作压力；安全工作行为；责任到人；员工承诺；管理行为；安全培训；安全对升职的影响；对安全管理的支持程度
Unto Varonen, Markku Mattila（2000）	芬兰	8个木材加工厂（4个锯木厂，2个合板厂，2个地板厂）		1990年：508； 1993年：548	4	组织责任；工人的安全态度；安全监督；安全预防
Rundmo T（2000）	挪威	工业（13个工厂）铝、镁、石化		731	5	违反规章；安全与生产的关系；班组长和同事的承诺；管理承诺；安全代表的承诺

续表

研究者（年份）	国家或地区	行　业	问题数量（个）	调查对象数量（个）	维度个数	维　度
Cox S J. Cheyne A J T. (2000)	英国	海上石油	43	211	9	管理者承诺；安全环境；沟通；安全规章；企业的安全环境；参与；安全对个人的优先性和安全的需要；个人识别风险的能力；工作场所环境
Flin R Mearns K O'Connor P Bryden R（2000）	英国				6	管理、安全系统，风险，生产压力，能力（包括资格、技能、知识）；程序和规章
Lee, Harrison（2008）	英国	三个核电厂		683	28	安全措施的控制；参与和响应；重新组织；安全标准；公司对承包商的支持；对承包商安全的满意；尊重承包商；工作满意；对工作中各种关系的满意，对工友的信任；授权；管理者对安全的重视，员工士气；风险水平；个人冒险行为；多重技能风险，风险和生产力；指示/用法说明的复杂性；危险源识别；对报警器的反应；突发事件响应程序；工作压力；不安全工作；管理者对员工健康的重视，培训的质量；员工选拔；一般的培训质量
Glendon A I, Litherland D K（2001）	澳大利亚	道路和桥梁的建筑和维修	40	192	6	沟通与支持；适当的程序；生产压力/工作压力（两方面都有）；个人防护用品；人际关系；安全规章制度

续表

研究者（年份）	国家或地区	行业	问题数量（个）	调查对象数量（个）	维度个数	维度
O'Toole（2002）	美国			6306	7	管理承诺、教育程度和专业知识；安全监督过程；员工参与和承诺；约瘾与酗酒；突发事件的响应；岗位安全
Mearns K, hitaker S M, RhonaFlin（2003）	英国	海上石油天然气开采		第一年：682；第二年：806	21	安全方针政策；员工参与；沟通；工作满意度；班组长的能力；法规和程序；管理者承诺；自发性行为；一般的不安全行为；激励下的不安全行为；员工参与；对安全活动的满意度；海上安装经理的能力；海上管理者承诺；海上监督人员（班组长）的能力；海上自发报告事件/适当的宽容度；海上一般的不安全行为；沟通
郝育国（2003）	中国	海运			10	企业决策层的安全政策与承诺；企业决策层；管理层的安全实践；企业员工安全同一性认识；企业员工素质；对人的关注；奖惩制度与日常运营管理；企业安全保障控制；企业安全活动方式；系统的开放性；冲突的宽容度
毛海峰（2003）	中国				6	领导层的承诺；管理层的参与；员工的授权；奖惩制度；报告系统；安全素质培养
Cooper M D, Phillips R A（2004）		包装生产公司	50	374	7	安全态度；风险等级；工作进度的影响；安全管理活动；安全工作人员和安全委员会；安全培训的重要性；社会地位和升职

续表

研究者（年份）	国家或地区	行业	问题数量（个）	调查对象数量（个）	维度个数	维度
Seo D C, Torabi M R, Blair E H, Ellis N T（2004）	美国	粮食行业	32	620	5	管理者承诺；监督人员的支持；同事的支持；员工参与；能力水平
Chan A（2004）					8	管理者的承诺；个人风险意识；监管人员的责任；现场人员工作能力；沟通；安全规章制度；同事的安全态度；工作压力
Watson G W, Scott D, Hshop J, Turnbeaugh I（2005）	美国	钢铁	17	395	5	对班组长的信任；工友安全规范；安全管理的价值观；安全的工作环境；冒险行为
Lu C S, Shang K C（2005）	中国（台湾）	集装箱码头		112	7	班组长安全；工作安全；工友安全；安全管理；安全培训；安全规章和特殊安全培训；工作压力
IvarHavold J（2005）	挪威	海上运输（船运）	40	349	11	知识水平；安全管理态度；安全行为；对安全规章/指令的态度；员工对安全和质量的满意；培训经历；高质量体验；工作压力；权力集中；不安全行为发生后所采取的措施；环境系统

续表

研究者（年份）	国家或地区	行业	问题数量（个）	调查对象数量（个）	维度个数	维度
宋晓燕（2005）	中国				10	决策管理层的安全政策与承诺；决策管理层的安全实践；监察控制；员工授权；奖惩与安全规章制度；日常安全活动；报告制度；企业员工素质；系统的开放性；系统的持久性
Huang Y H, Ho M, Smith G S, Chen P Y（2006）	美国	制造业、建筑业、服务业、运输业		2680	6	自觉上报工伤；安全管理承诺；伤好员工重新上班的政策；工伤后管理；安全培训；安全控制
Wills A R, Watson B, Biggs H C（2006）	澳大利亚（昆士兰州）	三个企业（当地政府委员会、州政府运输局、私人工业资源供给处）		323	6	沟通与程序；工作压力；人际关系；安全规章；驾驶员培训；管理承诺
Ek A, Akselsson R, Arvidsson M, Johansson C R（2007）	瑞典	航空	95	391	9	工作环境；沟通；学习；汇报；公正；弹性；安全态度；安全行为；风险认知

续表

研究者（年份）	国家或地区	行 业	问题数量（个）	调查对象数量（个）	维度个数	维 度
Findley M, Smith S, Gorski J, O'neil M（2007）	美国	核工业	71	1587	11	组织承诺与沟通；一线管理者的承诺；班组长的角色；个人的角色；工友的影响；能力；冒险行为；安全行为的障碍；工作票；上报事故和未遂事件；工作满意度
Zhou Q, Fang D P, Wang X M（2007）	中国	建筑	31	超过4700	9	安全态度；安全咨询与培训；管理承诺；冒险行为；安全资源；工作风险评估；安全管理系统和程序；员工参与；同事的影响
李永哲（2007）	中国	供电			12	公司管理承诺；对安全的态度；安全规章制度；交流；安全培训；管理参与；员工参与；监督约束；工作风险评价；安全工作行为；工作压力；个人风险意识
丁明喆（2007）	中国				7	管理层的安全态度；企业在安全上的持续改进；安全培训；安全规程；工作场所的风险水平；员工的安全意识
夏瑛（2009）	中国	供电			6	组织承诺；管理参与；激励约束；沟通报告；培训教育；作业环境
Hsu S H, Lee C C, Wu M C, Takano K C（2008）	中国（台湾）、日本	石油炼化中国（台湾）4、日本6	53	中国（台湾）：295；日本：256	13	安全管理承诺；员工授权；报告系统；奖惩系统；人际关系；不断改进的态度；安全活动；安全管理系统；监督；团队合作；个人能力；安全意识；安全行为

续表

研究者（年份）	国家或地区	行 业	问题数量（个）	调查对象数量（个）	维度个数	维 度
Tharaldsen J E, Olsen E, Rundmo T（2008）	挪威	海上石油平台		2001 年：3310；2003 年：8567	5	安全的优先性；安全管理和参与；安全与生产的关系；个人动机（如看到危险停止工作，主动上报）；系统的理解
Nielsen K J, Rasmussen K, Spangenberg D G S（2008）	丹麦	制造业	21		6	班组长的一般领导能力；班组长安全方面的领导能力；安全教育培训；违背安全行为（不安全行为）；班组长在安全方面的疏忽；对工作场所的承诺
Hahn S E, Lawrence, Murphy R（2008）	美国	医疗卫生和核工业	6	1941（场所 A：788；场所 B：1153）	4	管理者承诺；安全反馈；员工参与；工友行为规范
Pousette A, Larsson S, Torner M（2008）	瑞典	建筑		样本 1：242；样本 2：275；样本 3：284	6	管理中安全的优先性；安全管理；安全沟通；工作组安全参与；安全激励；安全知识
Lu C S, Tsai C L（2010）	中国（台湾）	集装箱海上运输	47	291	6	管理的安全活动；班组长的安全活动；安全态度；安全培训；工作安全；同事的安全活动

研究者（年份）	国家或地区	行　业	问题数量（个）	调查对象数量（个）	维度个数	维　度
Melia J L, Mearns K, Silvia A. Lima M L（2008）	英国、西班牙、中国	普通行业和建筑业	41	普通行业：英国：869 西班牙：113 建筑业：中国（香港）：99 西班牙：374	20	组织对安全的反应；安全结构的存在；安全规章的完成情况；安全检查；安全会议；激励活动；监督员对安全的反应；通过自身安全与不安全的行为来给予回应；对工人安全的行为以积极的鼓励；工友对安全事务的指导给予回应；通过对安全的行为来树立榜样与警戒；对工人自身安全与不安全行为做出回应；工人对同事安全与不安全行为的反应；工人对安全积极的鼓励；对安全与不安全行为的反应；工人对自身安全与不安全行为的鼓励；事故风险；工人自己对安全与不安全行为的反应；工人自身遭受工伤或事故伤害可能性的认知
Gyekye S A, Salminen S（2008）	加纳		50	320	5	工作安全；同事安全；班组长安全；管理承诺（安全管理实施）；安全政策/规章
Lin S H, Tang W J, Miao J Y, Wang Z M, Wang P X（2008）	中国（福建）	工业（电厂、炼油厂、制鞋厂、水泥厂）	21	1026	7	安全意识和能力；沟通；组织的安全环境（是否以生产为主等）；管理的支持；风险辨识；安全预防；安全培训

续表

研究者（年份）	国家或地区	行　业	问题数量（个）	调查对象数量（个）	维度个数	维　度
Baek J B, Bae S, Ham B H, Karan P, Singh（2005）	韩国	制造业（石化、化工、电力、钢铁）	管理者：34	195	11	管理者的安全承诺；健康与安全程序、指令、规章的价值；事故与险肇事件；培训与能力；工作安全与组织的认知；生产压力；沟通；员工参与能力；组织和管理对于安全与健康状态的理解；工人对安全文化状态的理解
Nfohamed S, Ali T H, Tam W Y V（2009）	巴基斯坦	建筑			3	安全意识和信念；工作环境；支持环境
Havold J I, Nesset E（2007）	挪威	海上运输（141艘船只和16个船运公司）		2558	7	对安全活动/规章的满意；对管理者安全态度的认知；工作压力；对工作的不满；宿命论；对不明确的安全指示的认知；安全和工作的冲突
Vinodkumar M N, Bhasi M（2011）	印度	化工厂	62	1806（工人：1566 一线监督：240）	8	安全管理承诺和安全活动；员工的安全知识和对安全规章的遵守；员工的安全态度；对安全的承诺；安全的工作环境；组织的应急准备；安全相对于生产的优先性；风险辨别
《企业安全文化建设导则》（2009）	中国				7	安全承诺；行为规范与程序；安全行为激励；信息传播与沟通；自主学习与改进；安全事务参与；审核与评估

2. 提取信息的分析

从维度信息的沉淀及表 1-3 可以看出，研究人员命名的维度不仅标签不同，数量上也有很大差异。这是因为除 Brown，Holmes，Dedobbeleer 和 Béland 进行的是验证性研究，其他研究者大多进行的是探索性研究，他们不必为和前人保持一致而使用相同的标签，他们有充分的自由来命名自己的维度。再者，维度的数量也存在着显著性差异，个数分别 2 个、16 个、28 个不等。

造成维度不同的原因可能是：不同的研究者采用不同的观点对不同的行业（从工业、建筑业、能源、航空到医疗卫生）、不同的企业、不同的调查对象，以及使用不同的测量工具和数据处理方法进行研究，得出的结论自然会存在一定的差别。

Cox 和 Flin（1998）认为，一个领域的方法（例如，石油行业）不一定能推广到其他的领域（例如，建筑业）。Mcdonald 和 Ryan（1992）认为，某些影响安全氛围的因素适用于某个企业但不一定在其他企业有效。这是因为，各个企业在管理风格、安全规章、安全认知等方面有所不同，因此也会得到不同的维度结构。Coyle（1995）发现，安全氛围的维度并不稳定，它会随企业的不同而改变。即使在同行业的类似企业中使用相同的问卷，结果也有可能得不到相同的因素结构。因此，他们认为不存在通用的安全氛围维度结构。而 Glendon 和 Litherland（2001）认为，在理想状态下，研究者应该可以通过使用已有的问卷或修改已有问卷，对行业或企业进行抽样，从而确定一个安全氛围因素结构。如果有一些通用的安全氛围因素存在的话，那么可以使用有可比性的问题来分析不同企业或不同行业的安全氛围从而得到近似的维度结构。Dong-Chui Seo 等（2004）对同行业的两个不同企业进行研究，得到了一个稳定的因素结构，证实了 Glendon 和 Litherland（2001）的想法是可行的。

面对维度结构的较大差异，许多学者将诸多维度结构进行归纳分析，试图找到安全氛围具有的共同特征。Dedobbeleer 和 Béland 总结了以往 10 份安全氛围的研究报告，指出在所有的研究中，只有两个维度得到了大家的一致认同，即管理层对安全的承诺与员工对安全的参与程度。Guldenmund 在回顾了近 20年的 15 篇安全氛围研究报告后得出了使用最频繁的因素：管理、风险、安全工作的安排、程序、培训、能力和工作压力，其中前三者占到 2/3 的比例。Flin 等总结分析了 1980—1998 年多个行业发表的 18 篇安全氛围研究报告，发现在这些报告中出现最频繁的 5 个维度依次是：安全管理（72%）、安全系统（67%）、风险（67%）、工作压力和工作能力。另外程序 / 规章虽然在他研究的这 18 篇报告中只出现了 3 次，但在 Guldenmund 的文献回顾中这一维度却是出现最频繁的维度之一，所以，Flin 也将其考虑进去。Dong-Chui Seo（2004）通过分析 16 篇文献得出 5 个重要维度：安全管理承诺、安全监督者的支持、同事的支持、对于安全决策和安全活动员工参与的程度、员工的安全能力水平。其中管理承诺和安全监督者支持是最重要的维度，影响着其他的安全氛围维度。这是据调查人员所知的第一份在两个不同企业得出一致的因素结构的研究。Albert Chan（2004）分析了 1991—2003 年的 15 篇安全氛围的研究报告，从 22 个因素中统计得出了 8 个影响安全文化的重要决定因素，按重要性排序分别是：管理者的承诺（86%）、个人风险意识（79%）、监管人员的责任（64%）、现场人员的工作能力（57%）、沟通（50%）、安全规章制度（50%）、同事的安全态度（50%）、工作压力（50%）。

三、沉淀信息的处理

如前文所述，由于各行业、各企业的差异性，研究者在对某企业进行研究时，往往开发适合本企业的安全文化维度结构，安全文化维度结构非常庞杂。不同的研究者采用不同的概念、不同的观点，通过不同的行业样本、不同的研究工具和不同的数据处理方法，贴上不同的维度标签，最后得到不同的研究结果，概括起来就是由于具体操作上的差异而掩盖了本质上的共性。为了找到安全文化本质的特征，下面将对沉淀的信息进行处理，试图找到能够体现安全文化本质特征的安全文化维度结构。

为了梳理庞杂的维度信息，接下来将分两步进行处理：第一步将表面意思相同的维度合并；第二步查阅原文将文中真实含义相同的维度归类。

1. 合并表面意思相同或相近的维度

将各维度简单合并，即将标签相同和表面意思相近的维度合并为一类，经简单合并后得到的维度，如表1-4所示。

表1-4　经简单合并得到的126个维度

维　度			
领导承诺	管理参与	安全预防	事故预防措施
安全资源	革新	安全培训	安全政策
安全控制	安全措施	安全绩效	诚实
沟通	人际关系	生产压力	安全会议
执行力	工作的价值	安全规章	授权
工作进程	个人防护设备	工作需要的改变	工作的清晰透明度
管理者的安全态度	安全管理	安全动机	安全需要
自我怀疑	现场管理	安全实践	风险认知
安全员地位	安全工作的障碍	安全对个人的优先性	安全代表承诺
工作压力	安全与生产的关系	安全对社会地位影响	宿命论
乐观主义	事故调查	员工参与	知识教育背景
管理行为	工作风险评估	安全投入	员工选拔
安全程序	安全意识	支持环境	安全与工作的冲突
人岗匹配	指示/说明的复杂性	满意度	安全的优先性
工友的安全态度	安全标准	药瘾与酗酒	员工士气
风险水平	工作安全	安全设备设施	安全上的持续改进
企业环境与日常运营管理	重新组织	工作环境	安全对升职的影响
员工的安全态度	政府因素	企业安全活动方式	对工作感兴趣
报告系统	组织结构	班组长安全	对班组长的信任
安全管理的价值观	企业员工素质	奖惩	责任制
安委会地位	对工友的信任	工作外安全	系统的开放性
不安全行为	安全水平	班组长的领导能力	同事行为规范
权利集中	系统的持久性	监督检查	团队精神
同事影响	一线管理者承诺	工伤后管理	冲突的宽容度
安全认知	工友安全	个人角色	事故和险肇事件
灵活性/适应性	安全素质的培养	能力	承包方管理

维　度			
监督人员的作用	安全设计	安全自我效能	工友承诺
安全行为	突发事件响应	工作安排	免疫能力
组织的安全环境	责备	风险识别	员工承诺
员工责任	立法	追求卓越	现场人员工作能力
管理支持	安全管理系统	安全系统	冒险倾向
安全效力	审核与评估		

2. 归类实际含义相同或相近的维度

（1）归类的原则

经过简单合并之后，维度的数量从 526 骤减到 126，剩下的 126 个维度有些是研究者合并了多个维度总结得出，意义涵盖很广需要将其拆分开来；有些虽然标签不同，但根据研究者在文中的解释可以判断代表的是同一个维度，需要将其合并在一起；有些出现次数非常少，且重要性很小，将这样的维度剔除。拆分、合并、剔除的原则如下。

①拆分含义过广的维度。例如，有的研究者提出的支持环境包括工友的支持、管理者的安全态度、安全规章等，还有的研究者提出的支持环境包括工友安全、沟通、培训等，将支持环境拆分为没有交叉含义的维度：工友安全、管理者的安全态度、安全规章、沟通、培训。

②合并意义相同、但标签不同的维度。例如，领导承诺和安全态度都表明领导者对安全的态度，所以将安全态度归入领导承诺中。

③剔除重要性过小的维度。例如，政府的作用，由于研究对象是企业，政府的作用相关性较小，因此将其剔除。

按照以上原则再次查阅原文，依据研究者在原文中对各自维度含义的解释，根据其真实含义将表 1-4 中的维度重新归类。

（2）拆分的过程

组织环境、工作进程、支持环境、工作安全等维度是经研究者总结多方面因素得出的，这里将其拆分为只包含单因素的维度。

Si-Hao Lin（2006）提出了组织环境，但并没有对其作出解释，不过从安全氛围问卷中三个关于组织环境的题项（有时因工作太多而不按规章办事；有时因工作节奏太快而不能按规章办事；有时为了生产而不得不违背安全要求）可以看出这一维度侧重说明由于生产压力和工作压力过大而违反安全规程，即企业没有给员工营造良好的组织安全环境。所以，将组织环境拆分为生产压力和工作压力。组织环境的拆分过程如图1-7所示，左侧是原文安全氛围调查问卷中关于组织环境的题项，右侧是经拆分后所得到的维度。

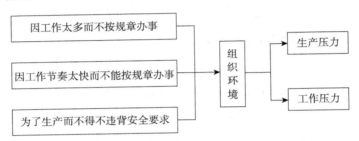

图1-7　组织环境的拆分过程

组织环境的恶化是由生产压力造成的，而工作进程的加快又导致了员工的工作压力，因此将工作进程拆分为生产压力和工作压力。

Cox and Cheyne 在对 1991—1997 年的 4 篇文献的维度进行合并时将工作小组的支持和工友的影响合并，并命名为支持环境（Supportive Environment），原文没有对其含义作解释，但问卷使用以下 6 个题项来调查支持环境：企业是否鼓励员工报告不安全状况；员工是否可以影响企业安全绩效；员工是否认为工友违规操作不关自己的事；企业是否鼓励员工提出有关安全的顾虑；是否有合适的安全规程来约束人的行为；工友是否互相帮助。据此将 Cox 和 Cheyne 提出的支持环境拆分为报告系统、员工参与、个人的安全态度、管理者对安全的态度、安全规定、工友安全 6 个维度。Mohamed（2010）认为支持环境是通过工友之间的责任与参与，以及管理者通过培训来使工作更安全的。因此将其拆分为工友安全、沟通、安全培训。拆分过程如图1-8所示。第一列为原文问卷中有关支持环境的题项，第二列为两个研究者分别提出的支持环境，第三列为支持环境1、支持环境2各自拆分出来的维度，第四列为支持环境最终拆分的维度。

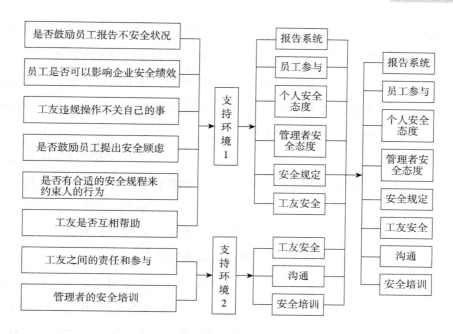

图 1-8 支持环境的拆分过程

Chin-Shan Lu（2009）使用如下题项来测量工作安全：在船上工作是危险的、是不利于身体健康的、是不安全的、是非常可怕的。Gyekye（2012）等用 10 个形容词和短语来解释工作安全，分别是危险、安全、有害的、冒险的、不健康的、可能受伤、不安全、担心影响健康、有生命危险、可怕。以上两位研究者都表达了工作环境的危险和这些危险可能导致对自身的伤害，据此将工作安全拆分为工作环境、风险意识。

（3）合并的过程

管理参与是指企业高级管理者个人参与企业重要安全活动的程度。高级管理层用具体的行动体现，把企业安全置于绝对优先的地位。例如，通过出席重要安全会议、支持安全研讨会、执行安全培训、安排重要安全工作时表现出对安全的积极防范，体现领导对安全的态度（Wiegmann，2002）。安全的优先性是指在工作中顶住来自各方的压力而优先考虑安全，是衡量安全与生产、成本等其他因素优先性的维度，安全与生产的关系也是衡量安全与生产孰轻孰重，应该侧重哪个的维度（Wiegmann, 2002; Tharaldsen, 2008; Vinodkumar, 2009）。安全与工作的冲突也表达同样的意思。然而企业的生存要考虑的因素很多，不光是生产，还要考虑成本控制等因素，这里用效益来表示与安全相对的诸多因素，将这 3 个维度合并，并命名为安全与效益。安全与效益的关系能够明确表明管理者的安全态度。企业在安全上的持续改进说明企业管理层对安全的重视，安全人员和安委会的地位越高说明管理层对安全越重视，再加上安全管理的价值观和管理上的支持，以及归入管理支持的监督人员的作用、监督者的鼓励和支持、安全人员的承诺和一线管理者的承诺等维度一起归入管理者的安全态度。对安全的承诺同样体现对安全的态度，由于承诺所表达的重视程度比态度强，因此将安全态度以及上述归入安全态度的维度一并归入领导承诺。领导承诺的合并过程如图 1-9 所示。左侧第一列是分别并入管理支持和安全与效益的维度，左侧第二列包含并入管理者安全态度的四个维度，最后将管理者的安全态度归入领导承诺。

从 Yueng-Hsiang Huang（2006）对伤养好员工重新上班的政策、工伤后的管理这两个维度的解释可以看出这两个维度属于企业的政策；工作之外的安全即 8 小时外员工的安全，应该体现在制定的安全政策中；加上承包方管理，都归入安全政策。

安全设备、设施、个人防护用品归入安全资源。安全投入和安全资源一样，都需要企业出资来为全体员工提供安全的工作环境，而安全资源也是安全投入的一种。因此，将安全资源并入安全投入。

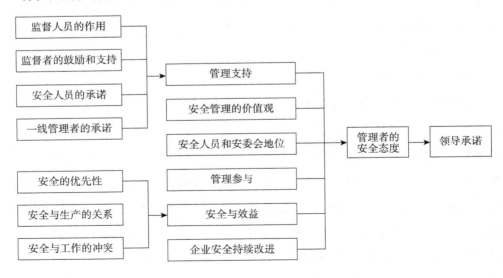

图 1-9 领导承诺的合并过程

激励有正激励和负激励，有物质上的激励和精神上的激励。奖惩是对员工物质上的激励。而授权、员工参与、社会地位、升职、员工选拔这 5 个维度则是精神上的激励，体现了管理者对员工的重视程度，以及对其能力的认可，对员工来说是其自我价值的体现，精神激励程度不亚于物质上的奖励。以上 6 个维度既可以从正面激励员工安全行为，又可以从负面控制员工不安全行为。因此将这 6 个维度合并，并给其贴上激励的标签。

安全管理系统是指安全政策和安全程序的形成过程，描述了安全问题是如何被辨识出来，如何调查，如何评估，如何控制，以及如何解决的，拥有成熟安全文化的企业还应该关注风险管理（Hwa Hsu，2008）。而系统安全是针对产品、系统、项目或活动的生命周期，应用特殊的技术手段和管理手段，进行系统的、前瞻的危险辨识与危险控制（樊运晓，2009）。工作风险评估、风险辨识，危险源识别、安全设计、安全预防、安全控制、安全措施、工作安排这 8 个维度就是如何将安全问题从辨识到解决的方法和手段，所以这 8 个维度属于安全管理系统。突发事件响应属于应急管理，是系统安全中的一环。因此，将安全管理系统、应急响应归入系统安全。

维度统计中安全规章出现 22 次，安全程序出现 13 次，安全标准出现 2 次，因为这 3 个维度都起到对技术、操作上约束的作用，因此将这 3 个维度合并统称为安全规程。

企业制定的责任制度包括各级人员的责任，将员工责任、监管人员的责任归入责任制。如果企业组织结构职能清晰，则各部门、各级人员所承担的责任也将非常明确，因此，将责任制归入组织结构。

Hsu（2008）提出的人际关系（Interpersonal Relationship），表示的是组织中员工与员工以及员工与监督人员之间关系的融洽程度。良好的人际关系使组织沟通更加畅通有效，是达到组织目标的重要因素。人际关系不仅影响信息传递的畅通与否，还影响了员工解决问题的速度，因此，这里将人际关系归入沟通，将工作的清晰透明和支持环境拆分的沟通一并归入沟通中。

事故预防措施、事故调查、事故与险肇事件是与事故处理有关的维度，合并为事故调查处理。

反馈与报告的含义相似，也是指员工向上级提出建议或意见，并向上级报告危险、隐患、事故等，因此将反馈归入报告系统。责备是指要营造一个良好的报告氛围，不能让员工为了担心受处分而对失误、隐患隐瞒不报，也属于报告系统。

Hsu（2008）认为安全实践是企业传递安全政策、获得安全知识、促进安全管理的方式。在各种安全实践的方式中，最常用的是安全培训和安全竞赛。Mearns（2003）认为安全实践包括安全会议、安全培训、对安全代表的支持、保持工作环境的整洁、管理者参与安全活动，以及发生事件后采取的措施。安全管理是为了保证企业安全运行的日常实际的安全实践，以及各人员的角色和各部门功能的发挥，它不仅仅是一个书面的政策和程序。实施安全管理是通过各种安全实践活动开展的，将企业日常运营管理、现场管理、管理行为、企业安全活动方式、监督检查等与安全管理有关的维度一起并入安全实践。

Pousette（2008）认为安全动机（Safety Motivation）是用来衡量个人如何看待安全事件及其重要程度的，他将安全动机看作是个人的安全态度，并在问卷中使用了这样的题项：当我看到危险情况就向上级汇报；当我认为如果继续工作对我或其他人有危险的话，我会停止工作。Tharaldsen（2008）使用的是个人动机，他说个人动机与个人的安全动机、安全的优先性以及个人防护用品的使用有关。Willianson（1997）认为，安全动机是那些与激发安全和不安全行为的影响因素有关的态度和认知。以上这些都体现了个人对安全的态度，只有认为安全足够重要的人才能时刻将安全放在第一位，才能主动要求佩戴个人防护用品，才能发现危险而停止工作。因此，将安全动机归入个人对安全的态度。而安全对个人的优先性这一维度也表示个人对安全的重视，所以也归入个人对安全的态度。这里将个人的安全态度以及管理者的安全态度和领导承诺一并归入员工承诺。

安全意识是员工对危险和风险的认识，以及员工在工作场所受伤的可能性（Williamson，1997）。由此看来，安全意识包含了风险意识，因此将风险意识归入安全意识。其用来测量悲观主义和乐观主义的题项如下：持有悲观主义观点的人认为事故是不可避免的，工作中的风险也是不可避免的，对安全工作的促进无能为力；而持有乐观主义观点的人认为只要工作足够认真，只要遵守规章就一定不会发生事故，有些人出事故只是他们太不幸了，常规工作是不会有危险的。Willianson（1995）认为宿命论和乐观主义是个人对安全与事故、风险等的看法，属于安全认知层面。因此这里将这两个维度全部归入安全认知。

个人能力（Competence）包括员工的资格水平、技能水平及知识水平（Flin，2000）。因此，将知识与教育背景、个人规避风险的能力、企业员工的素质、灵活性与适应性、现场人员的工作能力，以及个人的作用归入个人能力。

自我怀疑、追求卓越、诚实、冒险倾向，这 4 个维度共同的特点就是描述了员工个人本质的性格特征，将这些特征带到工作中去势必会影响工作的安全，这里将这些维度合并为一类，并命名为个性特征。

Flin（2000）认为对安全规章的认知、态度，以及对安全程序的遵守、违背都属于安全规章程序这一维度，由于冒险行为也可能导致违反规章，冒险行为也属于这一维度，因此 Flin 将不安全行为归入安全规程中。Cox and Cheyne（2000）也认为冒险行为等一些可能导致违反安全规章程序的不安全行为应包含在安全规章里。考虑到现阶段我国企业的实际情况，尤其在矿山等高危行业，员工的素质偏低，员工的行为就成为导致事故的最重要原因，规范员工行为也就成为安全管理的重点，因此这里特意拿出来单独考虑，将安全行为和不安全行为归为一类，统称为员工行为。

工友安全（Co-Worker Safety）包括工友是否遵守安全规章、是否在乎他人的安全、是否鼓励他人安全工作、恪守自己的职责并安全地工作、确保工作场所的卫生等。班组长安全（Supervisor Safety）包括鼓励、表扬，以及奖励工人的安全行为，更新、告知并强力执行安全规章，对工人进行安全培训，帮助工人制定安全目标等（Gyekye，2008）。将同事的影响、对工友的信任、同事行为规范、团队精神／工友支持、工友的安全态度、同事的承诺 6 项，以及支持环境拆分的两项归入工友安全，将班组长的领导能力、对班组长的信任、归入班组长安全。

安全绩效是对企业整体安全水平的评价，因此将安全绩效归入安全水平。

（4）剔除的过程

安全系统是与安全有关的整个系统，包括企业安全管理系统的各个方面，具体包含安全工作人员、安委会、工作票系统、安全政策、安全设备等。对安全系统状态的认知是安全氛围审核的重要因素，但工人对安全系统的认知也可以通过其他测量因素获得，可以不用过多地关注这一维度（Flin，2000）。因此，这里不予考虑。

将对工作感兴趣归入满意度。而满意度是企业各层员工对企业管理各方面的满意程度，不仅仅用于安全方面，更多用于评估，因此可以在问卷调查时考虑，而这里不予考虑。

执行力这一维度虽然出现了一次，但是就我国现阶段企业的具体情况来看，企业的政策、规章制度一应俱全，但是相当多的员工经常是"上有政策下有对策"，对企业的制度置之不理，从而因其不安全行为导致了事故的发生。和员工行为一样，执行力也是一个现阶段我国安全管理贯彻落实的非常重要的因素。执行力可以通过员工行为和监督检查来考察，因此这里也不予考虑。

其余不能合并的，并在表 1-3 中出现次数小于三次的维度也不予考虑。如立法、政府作用等，我们的研究是面向企业的，因此这些与政府功能有关的维度不予考虑，将其剔除。将其余的安全需要、安全工作的障碍、工作需要的改变、权利是否集中、质量管理、安全效力、革新、工作的价值、指示/说明的复杂性、员工士气、重新组织、系统的持久性、冲突的宽容度等 15 个维度也剔除。

将表 1-4 中的 126 个维度采取如表 1-5 所示合并的过程。经过拆分、合并、剔除之后，得到了 24 个维度，并按照各维度出现次数的多少进行排序，见表 1-6。

表 1-5　维度合并的过程

序号	合并后的维度	原有维度
1	领导承诺	管理承诺；管理者的安全态度；安全与效益（安全的优先性、安全与生产的关系、安全与工作的冲突、冲突/控制）；管理支持（监督人员的作用、监督者的鼓励和支持、安全人员的承诺和一线管理者的承诺）；安全管理的价值观；管理参与；企业在安全上的持续改进；安全员和安委会地位
2	安全投入	安全资源；个人防护用品；安全设备设施

续表

序号	合并后的维度	原有维度
3	激励	安全对社会地位的影响；安全对升职的影响；奖惩；员工选拔；授权；员工参与
4	系统安全	安全管理系统；工作风险评估；风险辨识；安全预防；安全控制；安全措施；工作安排；突发事件响应
5	安全政策	伤好员工重新上班的政策；工作之外的安全；工伤后的管理；承包方管理
6	安全规程	安全规章；安全程序；安全标准
7	组织结构	责任制；监管人员的责任；员工责任
8	沟通	人际关系；工作的清晰透明度；支持环境拆分出来的沟通
9	安全实践	安全培训；安全活动；安全管理（企业安全活动方式、企业日常运营管理、现场管理、管理行为、监督检查）；安全会议
10	报告系统	安全反馈；责备
11	事故调查处理	事故预防措施；事故调查；事故与险肇事件
12	员工承诺	员工的安全态度（安全动机）；安全对个人的优先性
13	安全意识	风险意识；工作安全拆分出来的风险意识
14	安全认知	乐观主义；宿命论
15	员工行为	不安全行为；安全行为
16	个性特征	自我怀疑；诚实；追求卓越；冒险倾向
17	个人能力	个人规避风险的能力；现场人员的工作能力；安全素质的培养；企业员工素质；灵活性、适应性；知识、教育背景；工作能力；个人的作用
18	工友安全	对工友的信任；团队精神 / 工友支持；同事行为规范；同事的影响；工友承诺
19	班组长安全	班组长的领导能力；对班组长的信任
20	工作压力	组织环境拆分出来的工作压力；工作进程拆分出来的工作压力

续表

序号	合并后的维度	原有维度
21	工作环境	工作安全拆分出来的工作环境
22	安全水平	安全绩效
23	生产压力	组织环境拆分出来的生产压力；工作进程拆分出来的工作压力

表1-6 经过拆分、合并、剔除得到的24个维度

序　号	维　度	出现次数	序　号	维　度	出现次数
1	领导承诺	91	13	安全政策	14
2	安全实践	66	14	报告系统	14
3	激　励	40	15	风险水平	12
4	安全规程	38	16	组织结构	12
5	沟　通	31	17	安全认知	11
6	系统安全	27	18	员工承诺	10
7	个人能力	21	19	生产压力	9
8	工作压力	21	20	安全投入	7
9	工友安全	18	21	安全水平	5
10	工作环境	17	22	班组长安全	5
11	员工行为	16	23	事故调查与处理	4
12	安全意识	16	24	个性特征	4

四、企业安全文化维度结构的确定

表1-6所列的24个维度是通过信息沉淀方法得到的，层次不清、逻辑混乱，不便于指导企业安全文化建设。依据企业安全文化定义的界定，并结合安

全文化在企业中形成和建设的过程，将这 24 个维度进行分层，确定一级、二级、三级维度。

　　企业安全文化建设是企业决策者的安全承诺通过制定支持以及贯彻安全方针的安全政策和安全程序，将决策者的安全承诺细化、固化，通过各种渠道广泛传播，最终将理念转化为行为，成为全体员工的行为规范，从而消除事故根源，改善企业安全绩效的过程。据此，将企业安全承诺、安全文化传播、员工行为列为企业安全文化建设的一级维度。安全方针、安全政策、安全制度作为企业安全承诺的二级维度；传播机构和传播方式作为安全文化传播的二级维度；个体行为和群体行为作为员工行为的二级维度。

　　企业的安全方针通过决策者的安全承诺来体现，因此安全方针可以通过领导承诺来衡量。企业制定合理的安全投入政策，确保企业安全生产所必需的物质基础；建立风险防范政策，在企业范围内培养风险防范意识，养成风险防范行为习惯；适当的安全激励政策鼓励安全行为，抑制不安全行为，促使领导承诺能真正从理念层面转化为员工的行为规范。因此将安全投入政策、风险防范政策、安全激励政策作为安全政策的下一级维度。安全管理制度从管理层面、安全规程从技术操作层面来保障安全方针的落实，将这两个维度作为安全制度的下级维度。

　　通过合理的传播机构和多样的传播方式确保安全文化的广泛传播，合理的组织机构使安全文化在传播过程中各人员、各部门职能清晰、沟通顺畅。安全文化主要通过安全实践进行传播，国外研究者所指的安全实践主要包括安全培训、安全活动、安全会议等，这三种方式在我国的企业中应用也很广泛，因此这里用安全培训、安全活动、安全会议来代替安全实践。企业通过安全培训、报告系统等传播方式使管理层和员工层上下互动，实现安全文化的传播。因此可以用安全培训、安全活动、安全会议、报告系统、安全标识来说明传播方式这一维度。

　　规范员工行为是企业安全文化建设的目的，员工行为体现在个体行为和群体行为两个方面。个体行为通过员工的安全意识、操作技能和作业环境来衡量；而群体行为在个体行为的基础上形成相互监督、相互帮助的团队意识，通过班组安全来体现。

企业面临的来自企业内部、外部环境的生产压力，以及本企业现阶段的安全水平和行业固有风险等客观因素，对企业安全文化建设产生重要的导向作用。每个行业、每个企业都会面临这些客观因素，而这些因素应内化在企业安全文化建设的过程中。企业在制定安全目标、安全政策，安全制度时都应该考虑这些客观因素，只有这样才能建设适合本企业的安全文化。

综合衡量这些因素之后，将表1–6所列的通过信息沉淀得到的24个维度划分层次，形成了企业安全文化的三级维度结构，如表1–7所示。

表1–7　企业安全文化维度结构表

一级维度	二级维度	三级维度
企业安全承诺	安全方针	领导承诺
	安全政策	安全投入政策、风险防范政策、安全激励政策
	安全制度	安全管理制度、安全规程
安全文化传播	传播机构	组织结构
	传播方式	安全培训、安全活动、安全会议、报告系统、安全标识
员工行为	个体行为	安全意识、操作技能、作业环境
	群体行为	班组安全

本章采用信息沉淀的方法，通过对国内外68篇安全文化典型研究进行分析，沉淀出24个安全文化维度，结合企业安全文化建设过程，确定了如图1–10所示的企业安全文化维度结构。第一列的方框表示3个一级维度，第二列的方框表示7个二级维度，第三列的方框表示16个三级维度。这个因素结构撇开行业或企业的差异性，体现企业安全文化内在的、本质的共性特征，其有效性和可行性在下一章选择的典型企业中进行了验证。

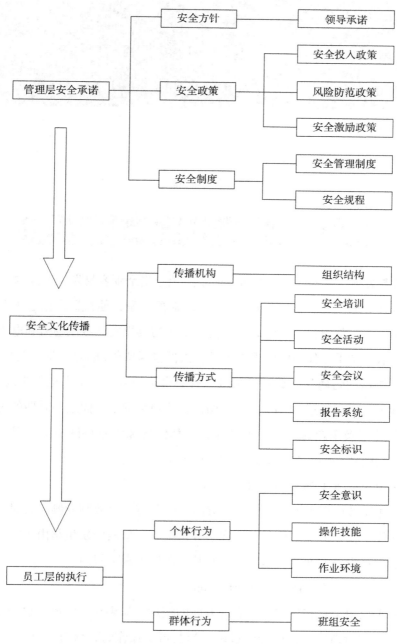

图 1-10 企业安全文化维度结构

第二章 事故致因理论

第一节　事故频发倾向理论与事故遭遇倾向理论

事故频发倾向（Accident Proneness）理论是指个别容易发生事故的、稳定的、个人的内在倾向。20 世纪 50 年代，工业革命的爆发，使机器占据了工业生产的重要地位，一切都以机器为中心。当时大生产初具规模，蒸汽动力和电力驱动的钢铁机械取代了手工作坊中的手工工具。机械坚固持久，成为工业大生产的中心，而工人是机械的附属品，那时的机械没有安全防护装置，工人也很少经过培训，加上持续工作时间长达 11~13 小时，伤亡事故频繁发生。而这一时期的事故原因往往被归结到操作者的身上。1919 年，格林伍德和伍兹将许多工厂里伤害事故发生次数的资料按如下 3 种统计分布进行了统计检验。

（1）泊松分布（Poisson Distribution）

当发生事故的概率不存在个体差异时，即不存在事故频发倾向者时，一定时期内事故发生次数服从泊松分布。在这种情况下，事故的发生是由于工厂里的生产条件、机械设备方面的问题以及一些其他偶然因素引起的。

（2）贝叶斯分布（Biased Distribution）

一些工人由于存在着精神或心理方面的疾病，如果在生产操作过程中发生过一次事故，就会造成胆怯或神经过敏，当其再次操作时，就有重复发生第二次、第三次事故的倾向。造成这种统计分布的人是少数有精神或心理缺陷的人。

（3）非均等分布（Distribution of Unequal Liability）

当工厂中存在许多特别容易发生事故的人时，发生不同事故次数的人数分布服从非均等分布，即每个人发生事故的概率不相同。在这种情况下，事故的发生主要是由于人的因素引起的。

可以通过一系列的心理学测试来判断某人是否是事故频发倾向者。例如，在日本曾采用 YG 测验（Yatabe–Guilford Test）来测试工人的性格。另外，也可以通过对日常工人行为的观察来发现事故频发倾向者。一般来说，具有事故频发倾向的人在进行生产操作时往往精神动摇。

"二战"后，研究者们认为大多数工业事故完全是由事故频发倾向者引起的这个观念是错误的，事实上有些人较其他人容易发生事故是与他们从事的作业有较高的危险性有关。因此，不能把事故的责任简单地归结为工人的不注意，应该强调机械的、物质的危险性质在事故致因中的重要地位，于是出现了事故遭遇倾向理论（Accident Liability）。

有研究结果表明，事故的发生不仅与个人因素有关，而且与生产条件有关，与工人的年龄有关，与工人的工作经验、熟练程度有关。明兹（Mintz，1995）和布鲁姆（Benjamin Bloom，1987）建议用事故遭遇倾向取代事故频发倾向的概念。

研究结果表明，前后不同时期事故发生次数的相关系数与作业条件有关。例如，罗奇（Roach，1991）发现：工厂规模不同生产作业条件也不同，大工厂的场合相关系数大约为 0.6，小工厂则或高或低，表现出劳动条件的影响。高勃（Gobb，1984）考察了 6 年和 12 年间两个时期事故频发倾向稳定性，结果发现：前后两段时间事故发生次数的相关系数与职业有关，变化在 –0.08 到 0.72 的范围内。当从事规则的、重复性作业时，事故频发倾向较为明显。

可尔（Kerr，1995）调查了 53 个电子工厂中 40 项个人因素与生产作业条件因素和事故发生频度以及伤害严重程度之间的关系，发现影响事故发生频度的主要因素有搬运距离短、噪声严重、临时工多、工人自觉性差等；与事故后果严重程度有关的主要因素是工人的"男子汉"作风，次要因素是缺乏自觉性、缺乏指导、老年员工多、不连续出勤等，证明事故发生与生产作业条件有密切关系。

一些研究表明，事故的发生与工人的年龄有关。青年人和老年人容易发生事故。此外，还与工人的工作经验、熟练程度有关。米勒（Miller，1958）等的研究表明，对于一些危险性高的职业，工人要有一个适应期，在此期间，新工人容易发生事故。大内田（Ochi，1968）对东京都出租汽车司机的年平均事故数进行了统计，发现平均事故数与参加工作后的一年内的事故数无关，而与进入公司后工作时间长短有关。司机们在刚参加工作的头 3 个月里事故数约为每年 5 次，之后的 3 年里事故数急剧减少，在第 5 年后则稳定在每年 1 次左右。这符合经过练习后减少失误的规律，表明熟练可以大大减少事故。

事故遭遇倾向理论是对事故频发倾向理论的修正。事故遭遇倾向是指某些人员在某些特殊生产作业条件下容易发生事故的倾向，该理论主要论点有以下3 方面。

（1）当每个人发生事故的概率相等且概率极小时，一定时期内发生事故的次数服从泊松分布，大部分工人不发生事故，少数工人只发生一次，只有极少数工人发生两次以上事故。大量事故统计资料显示是服从泊松分布的。

（2）研究结果表明，某一段时间内发生事故次数多的人，在以后的时间里往往发生事故的次数不一定多了，该人并非永远是事故频发倾向者。通过多年的实践经验及临床研究，很难找出事故频发者的稳定的个人特征，换言之，许多人发生事故是由于他们行为的某种瞬时特征引起的。

（3）根据事故频发倾向理论，防止事故发生的重要措施是人员选择。但是有研究表明，把事故发生次数多的工人调离后，企业的事故发生率并没有降低。

第二节　多米诺骨牌理论

多米诺骨牌理论认为，一种可防止的伤亡事故的发生，是一系列事件顺序发生的结果。它引用了多米诺骨牌效应的基本含义，认为事故的发生，就好像是一连串垂直放置的骨牌，前一个倒下，会引起后面一个个倒下。当最后一个倒下时，就意味着伤害结果发生。在这个理论的基础之上衍生了其他的骨牌理论，包括海因里希骨牌理论、博德骨牌理论、亚当斯骨牌理论以及 Weaver 骨牌理论等。

一、海因里希骨牌理论

这是一种事故致因理论，用以阐明导致伤亡事故的各种原因与事故间的关系。

该理论认为一个可预防的事故是 5 个最后导致伤害的有次序的因素中的一个，如图 2-1 ~ 图 2-3 所示。

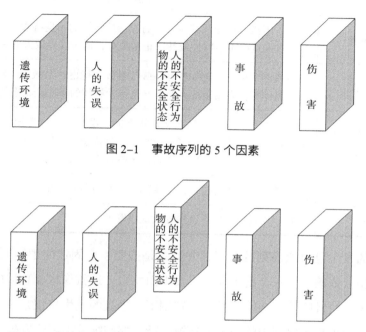

图 2-1　事故序列的 5 个因素

图 2-2　人的不安全行为和物的不安全状态是事故序列的关键因素

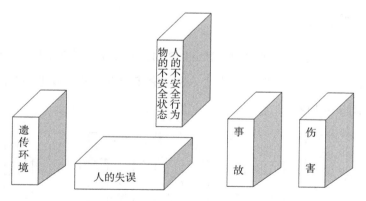

图 2-3　移除关键因素使前面的因素无效

伤害总是由事故导致的，而事故又是之前一个因素的后果。事故预防的关键在于事故序列的中间因素——人的不安全行为或物的不安全状态。事故序列中各因素的逻辑顺序及相关因素描述如表 2-1 所示。

表 2-1　海因里希事故因素

事故因素	因素描述
遗传环境	鲁莽、固执、贪婪及其他可能通过遗传传播的不良特性。环境不良可能会发展这些不良特性或妨碍正常教育，遗传能导致人的失误
人的失误	继承或养成错误，比如鲁莽、脾气暴躁、忧虑、易激动、轻率或漠视安全操作等，它是造成人的不安全行为或物的不安全状态的直接原因
人的不安全行为或物的不安全状态	人的不安全行为，如站在悬挂物下面、没有警告或告知就开动机器、动手动脚、移除安全防护；物的不安全状态，如传动装置无防护、操作盲点、没有护栏、灯光昏暗，这些直接导致事故发生
事故	人员跌倒、物体打击等，这些都是典型的事故，并导致伤害
伤害	骨折、划破等，事故直接导致这些发生

伤害的发生是事故序列的终点，并且总是按照一个固定的逻辑顺序来排列。各个因素相互依赖，后一个由于前一个发生而发生，这就像排成直线的多米诺骨牌一样，第一块骨牌倒下会使整排骨牌都倒下。事故的发生仅仅是事故序列中的一个因素。如果事故序列中的一个因素被打断，那伤害就不可能发生。

二、博德骨牌理论

第二种改进的多米诺理论是（Frank Bird，2015）提出来的，他在一些公开发表的文献中对这种改进的理论做过一些讨论和分析。分析改进的事故序列中的 5 个因素如图 2-4 所示。

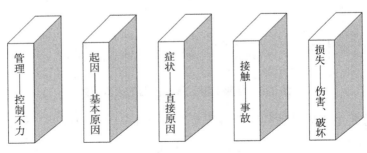

图 2-4　改进的事故序列

1.管理——控制不力

控制是专业管理4个功能（计划—组织—领导—控制）之一。在它通常的使用中，如损失控制，"控制"一词广泛涉及常见的规则、控制或挽回损失。控制通过以下4个步骤使系统最优化以达到其预定的目标。

（1）项目作业辨识，为了达到项目预定目标，管理人员必须参与进去，如事故调查、设备检测、作业分析、作业交流、招聘、培训监督、工程设计等；

（2）为每个经过辨识的作业活动建立标准；

（3）用建立的标准衡量每个作业活动的管理绩效；

（4）通过改进或扩展项目过程来提高绩效。

美国太空领域研究已经证明，在资源有限的条件下，专业管理和技术相结合可生产出可靠度达99.9%的硬件系统。在充分认识到大多数工业系统都是可用的，但可靠度达不到99.9%的情况下，专业损失控制管理将主要关注在技术和经济条件可行的条件下逐步升级已有系统。在普通工业中，资源往往都是有限的，所以在相对长的一段时间内，在系统没有重大升级的情况下，阻止事故和导致系统可靠性下降的事件发生是非常可能的。因此，损失控制管理人员必须利用损失控制管理系统使投入的资金和其他资源产生最大的价值。同时，还必须认识到，在系统达到预定的可靠性之前，应该考虑到事故的发生。因此，必须针对事故序列的所有因素制定出控制对策。

2.起因——基本原因

在完成高可靠性的安全控制系统/损失控制系统的过程中，在任意给定的时间可能还有没被辨识的管理活动，因此，标准—衡量—评估—修正系统还未建立。由于没有建立高可靠性的损失控制系统，有可能存在作为导致事故或系统可靠性降低的事件发生的基本原因的人或工作相关的因素。人的因素包括缺乏知识和技巧，不良动机、生理或心理问题。工作相关的因素包括作业标准不充分、测量标准不充分、正常的磨损和不正常的使用等。专业管理人员认为仅仅通过辨识这些基本原因能够建立一套有效控制的系统。起因涉及根源，且对基本原因的适当辨识可加强对根本原因更有效的控制，而不是简单地针对问题的症状。

3. 症状——直接原因

在事故序列中,过去将直接原因认为是造成事故的最主要的因素,也是政府部门进行安全健康检查的主要对象。安全管理经常将这些因素称为不安全行为或条件,例如违章操作、失效的安全设备、采用危险的作业姿势、指挥不充分、房屋保养不力等。

产品或质量控制管理人员也将其他问题(产品质量降低)的直接原因称为低于标准的行为或条件。实际上,直接原因通常是更深层次问题的症状。如果仅仅针对这个症状而不是辨识更深层次的根本问题,就做不到从根本上进行优化来实现永久控制。再者,专业管理人员认识到,对于一个不完善的系统,期望问题的直接原因出现,必须在项目中设计一个系统以有效地发现和分析这些症状,进而系统地采取适当的措施。同时,在技术和经济条件的限制下,为了实行更长久的控制,需要更好地辨识其根本原因,给出保证损失控制措施平衡的正确且专业的看法。

4. 接触——事故

针对实际情况,事故有可能描述为导致身体伤害、财产损失的不期望事件。"事故"一词本身是纯粹的描述性词,且没有隐含意义。而像"失误"或"错误"等词会暗示管理不善,虽然它们也是描述性词,但相对"事故"一词,"失误"或"错误"在损失控制方面没有更重要的意义。由于其被广泛持续使用的可能性以及被政府、法人及社会使用,许多人都使用"事故"一词。

"接触"一词出现在多米诺事故序列中,因为越来越多的研究人员和安全主管认为事故的发生,是由于和超过身体或结构最低限度的能量(电能、化学能、动能、热、电离、辐射等)"接触",或"接触"会扰乱身体正常功能的物质。这种关系能延伸出更多的控制方法,并且有更多的隐含意义。当我们考虑"事故"与"接触"相联系的更深层含义时,可以更清楚地看出在一个协调的损失控制项目中,安全、健康、火灾损失控制训练及相关专家之间交流的重要关系。

应该指出的是"事件"一词能够和"事故"一词互换,且在多米诺事故序列中有可能更好地反映真实的损失控制过程。在使用"事故"一词时,使用者考虑的是在大多数组织中损失控制项目的发展阶段。尽管如此,一般认为为了达到事故控制的目的，依然要进行一些重要的活动。可以预见有一天所有导致系统可靠性降低的事故都被包括在项目的真实目标中。事故序列的这个因素也可以称为接触阶段。偏离、稀释、加强、修改表面、隔离、设置障碍、保护、吸收、护罩是常用的损失控制工具。

5. 损失——伤害、破坏

当大家经常使用"伤害"一词来描述导致身体受到伤害的结果时，应该讨论一下这个词更深的含义。对于早期的安全执业人员来说，"事故"和"伤害"意思几乎相同。而职业病、火灾和财产破坏与工业安全相关，实际的事故预防一直都没有这方面的考虑。因此，"伤害"一词在大多数情况下表示由于造成创伤的事故导致的身体伤害。而职业病过去一直算在失能伤害率中，导致它们发生的原因及控制直到最近才归到事故预防工作中去。

在这个事故序列中，伤害这个因素包括所有人员身体伤害，包括创伤和疾病，以及由于工作暴露造成的精神的、神经的或系统性的影响。

"破坏"一词作为事故序列的一个因素，涵盖所有类型的财产破坏，包括火灾。尽管没有官方或私人安全组织公布美国由于事故造成的财产破坏而导致的损失数据，但依然有足够的权威信息表明美国每年的事故财产损失至少达到200亿美元。如此巨大的损失证明在安全和损失控制工作方面应该比过去投入更多的精力。当对自己的工作足够精通时，损失控制管理人员能够控制所有的"作业中断"。可以确信大多数专业人员对于减少伤害和破坏已经取得了重大进展。

为了最大限度地减少损失，专业人员也会在事故序列这最后一个因素的控制措施上投入许多精力。

大量信息表明，通过在这个因素上施加控制措施能够使身体伤害或财产破坏的严重程度降到最低。这些措施包括人员教育、及时救助、身体恢复、赔偿、挽救物资设备、启动消防设施、消防队员救火等。

三、亚当斯骨牌理论（事故原因和管理体系）

博德骨牌理论事故序列中加入了管理错误，现在的大多数事故致因理论都赞同这个概念。

亚当斯（Adams Eduand，1929）提出了一种与博德的多米诺事故序列相类似的事故序列，如图 2-5 所示。

在现在的管理理论中，事故序列中的第 4 和第 5 个因素——事故和伤害或破坏实质上是一样的，尽管博德的相关论述已得到了认可。

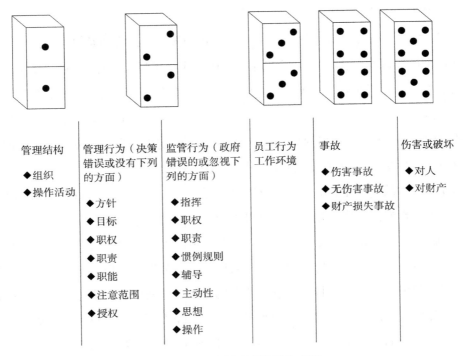

管理结构	管理行为（决策错误或没有下列的方面）	监管行为（政府错误的或忽视下列的方面）	员工行为工作环境	事故	伤害或破坏
◆组织 ◆操作活动	◆方针 ◆目标 ◆职权 ◆职责 ◆职能 ◆注意范围 ◆授权	◆指挥 ◆职权 ◆职责 ◆惯例规则 ◆辅导 ◆主动性 ◆思想 ◆操作		◆伤害事故 ◆无伤害事故 ◆财产损失事故	◆对人 ◆对财产

图 2-5 亚当斯改进的事故序列

事故的直接原因这里称为"方法错误"，以便对管理体系下的不安全行为和不安全状态的本质引起注意。本质上讲它们是员工在工作中的行为错误。这种错误不会改变，所反映出的问题也不会由于名称不同而改变。尽管如此，为了引起注意，新的名称还是要的。

这种管理理论的主要贡献在于重新定义了"方法错误"下面的原因。员工行为和工作条件的方法错误是由于管理者的"操作错误"，这些是由于管理人员没有做出决定或监管，或做出错误的决定或监管而导致的管理错误或失误，这些错误是战略性的，因为他们影响了操作的本质。

这些操作错误的产生是由于管理结构、组织目标、管理工作如何进行、操作如何执行不到位或不正确造成的。组织中稳定的因素决定了组织的"个性"，许多人认为管理结构是组织中决策者的理念、目标及标准的反映。在这时管理人员的级别、标准和大纲被建立，然后是管理行为被确定。

四、Weaver 骨牌理论（操作错误的表现）

第4种多米诺理论是由（Weaver，2015）提出来的，如图2-6所示，其对操作错误及其表现解释如下。

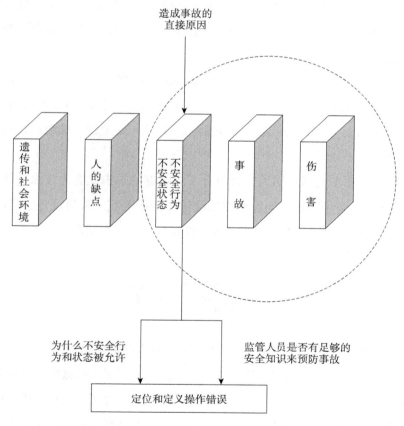

图 2-6　Weaver 升级的多米诺理论

导致事故和伤害的操作错误同时也会产生监管人员每天都处理的不期望发生的后果。这些后果仅仅是一种表现，事故和伤亡也是一种表现。货物送错地点、产生污染物、不良的客服、事故混乱也都是操作错误的表现。所有这些都是相同的操作错误的表现。

为了在工作中找到错误的原因及正确的行为，将"定位和定义操作错误"与多米诺事故序列相结合。这种结合产生了一条原则，即事故、伤害及不安全行为和状态都是操作错误的表现。在不安全的结果后面，不安全行为、工具、有缺陷的机器设备或布局存在于管理工作中。

安全技术的引入和整改是基于对不安全行为和状态的识别。当询问"什么是不安全行为和状态"时，会得到关于安全技术的答案。但是通过进一步询问以下两个问题，"为什么不安全行为和状态被允许"和"监管人员是否有足够的安全知识来预防事故"会暴露出操作错误。这个"什么—为什么—是否"的过程如图 2-6 所示。

"是否"这个问题是问是否都知道相关的法律法规、标准。安全主管是否知道它们，危险源身份是否预先经过辨识，需要的书籍、手册、流程（Pass-Out）、知识是否都可用。管理人员是否知道它们。一句话，安全技术的组织过程知识是不是可用？

"为什么"那个问题是问为什么没有了解足够的知识或者为什么这些安全知识没有被合理地应用。这个问题暴露出政策、目标混乱、人员设备、房屋管理、责任、权利使用、员工关系、规定、主动性等方面的操作错误。

第三节　能量理论

《安全手册 4》中提出了第 5 种多米诺事故致因理论，如图 2-7 所示。

大多数事故的发生是由于意外的能量 / 危险物质释放（机械能、电能、化学能、热能、辐射能）或过多的能量 / 危险物质释放，如一氧化碳、二氧化碳、硫化氢、甲烷、水等。这些能量 / 危险物质的释放是由于不安全行为或不安全状态引起的，也就是说，不安全行为或不安全状态能引发大量的能量或危险物质释放，并导致事故发生。

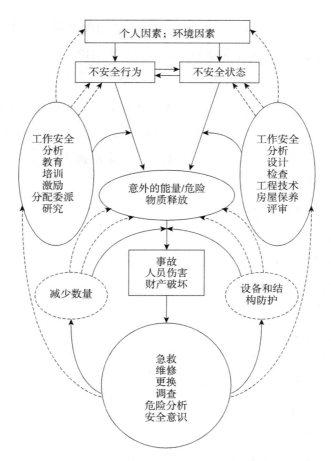

图 2-7 Zabetkis 博士的致因理论

　　一般认为危险的行为或状态是事故的基本原因，实际上它们仅仅是错误的表现。事故的基本原因通常可追溯到不良的管理政策和决策、不良的个人和环境因素。幸运的是，大多数管理者意识到安全是整个操作过程中不可或缺的一部分。这些管理者努力准备一份书面的安全指南，并向员工灌输一种安全意识——从最高管理人员到工人。并且，每一个员工从选拔、培训到定岗，每一台设备的购买、监测和维修及所有的供给都被认真对待，认为对于保持一个安全健康的环境及建立完善的操作与应急程序和一个成功的事故预防项目同样重要。

1. 直接原因

详细的事故分析肯定包括直接原因（能量或危险物质）的释放。事故调查人员之所以对直接原因感兴趣是因为阻止事故发生可能会重新设计机器设备和材料。对员工进行培训以告知危险条件，并进行个人防护。

2. 非直接原因

如上所述，不安全行为和不安全状态并不是直接导致事故的原因。它们是不良的管理政策、不充分控制、知识缺乏、危险源评估错误或其他个人因素的表现。在矿山工作和日常活动中的不安全行为和不安全条件如下。

（1）不安全行为

①以不合适的速率操作设备；

②未授权情况下操作设备；

③不正确地使用设备；

④使用有缺陷的设备；

⑤制造不能使用的安全设备；

⑥警告或通知设备失效；

⑦个人使用防护装置失效；

⑧设备或工具安放位置不正确；

⑨采用不正确的工作姿势；

⑩不正确的提升方式；

⑪在运行过程中维修机器；

⑫喧闹；

⑬使用酒精饮料；

⑭使用毒品。

（2）不安全状态

①缺少支持或指导；

②工具、设备等有缺陷；

③工作场所拥挤；

④缺乏警示系统；

⑤火灾爆炸危险；

⑥房屋缺乏保养；

⑦危险空气条件（可燃气体、灰尘、难闻气体、水蒸气等）；

⑧噪声过大；

⑨照明不良；

⑩通风不良；

⑪辐射。

3. 基本原因

早期的事故预防仅仅包括不安全行为和状态的辨识及更正。现在，作为一个很重要的功能，认识到通过辨识和更正事故的基本原因，事故预防能够得到长期的改善，基本原因可以分成如下三类。

（1）安全管理政策和决策：包括安全管理的目的，生产和安全目标，选拔员工程序，工具使用记录，责任义务和权利分配，员工的录用、培训、定岗、指导、管理，沟通程序，检查程序，机器设备的设计、购买和保养，标准工作程序和紧急工作程序，房屋保养等。

（2）个人因素：包括动机、能力、知识水平、培训、安全意识、分配、表现、身体和精神状态、反应时间、个人医疗等。

（3）环境因素：包括温度、压力、湿度、灰尘、可燃气体、水蒸气、气流、噪声、照明、周围环境（光滑的表面、堵塞、供给不足、危险物体）等。

这些因素都是相关的，一个因素（例如员工录用）发生改变时应对其他的因素（如培训、定岗、机器设计等）作相应的考虑。

4. 复合原因

每一起事故的发生都有很多因素、原因。复合原因理论就是指这些因素共同导致了事故的发生。如果这是正确的，那对于事故的调查应尽可能多地辨识出这些因素。

下面简单地对比一下复合原因理论和多米诺理论。对于一个常见的事故：一个人从梯子上掉了下来。如果基于多米诺理论来调查这起事故，就要辨识出不安全行为或不安全状态。

不安全行为：爬有缺陷的梯子。

不安全状态：梯子有缺陷。

更正：处理有缺陷的梯子。

这是基于多米诺理论的典型的事故调查。

用复合原因理论来考察同一起事故，会提出有哪些因素可能会造成这起事故的发生？我们可能会问如下问题：

①在日常的检查中为什么没有发现梯子有缺陷？

②为什么管理人员允许工人使用这个梯子？

③受伤人员是否知道不应该使用这个梯子？

④他是否经过正规的培训？

⑤是否有人提醒过他？

⑥管理人员是不是首先检查安全工作？

这些问题和其他相关问题的答案能产生以下更正：

①改善的检查程序；

②改善的培训；

③对责任更高的定位；

④管理人员在作业之前进行计划。

对多米诺理论简单的理解蒙蔽了我们的双眼，严重地限制了我们去发现和处理事故的根本原因。

一个事实是很明显的——如果仅深入地寻找不安全行为或不安全状态，那么结果可能只处于症状层面。这些不安全行为或不安全状态可能是"直接原因"但它并不是"根本原因"，为了永久地得到改善，我们必须处理事故的根本原因。

根本原因通常与管理体系有关，包括管理政策、程序、监管及其有效性、培训等。在上述梯子的例子中，暴露出管理政策的缺点，即责任定位不良（监管人员不知道他们有责任更换有缺陷的梯子）、监管培训缺乏。

根本原因是那些更正之后能永久影响结果的因素。它们不仅影响正在被调查的事故，还揭示许多其他将来可能发生的事故和操作问题的缺陷。

第四节　人因理论

最早的行为模型理论是基于事故频发倾向的概念。这个概念假设存在某种使人更容易发生事故的持久的习惯或癖好。这个理论的产生是由于分析任何事故数据时都会发现大多数人不会发生事故，有少部分人发生少量事故，有极少一部分人经常发生事故。因此，很明显这小部分人发生了大部分事故，他们肯定具有某些增大他们发生事故概率的特征。

尽管事故频发倾向的概念一直被接受，但也存在诸多争议。第一个争议就是，这是一个数据统计的结论。任何事情的发生都是低概率的，但对于每一个人发生的可能性都是一样的，频率服从泊松分布。这表明许多人不会发生事故，有少部分人发生几次，更少的人会发生大量的事故。简单地说，事故数据通常服从泊松分布，即数据中的每一个人发生事故的可能性相同。这与事故频发倾向理论相悖。

第二个争议就是，超过 40 年的大量实验和实际设定的研究都未能明确界定出有事故频发倾向的个人特征。

第三个争议就是，大多数研究表明这些个人特征在一年之内经历了大量的事故之后在下一年不会持续这个趋势，重复发生事故的人倾向于改变。

现在，对于将倾向作为事故原因考虑得较少，会综合考虑其他理论，努力去解释事故多发者的原因。

一、生命变化单元理论

许多人提出并验证这个观点——事故的发生是状态性的，即有些特定的时候比平时更容易发生事故。有人提出一些方案来测定能够促成事故发生的状态性因素。这些状态性因素或生命时间可能加重某人的负担，使他更容易发生事故。研究表明这些时候一个人更容易被疾病感染，也更容易受伤。生命变化单元表如表 2-1 所示。通过这张表发现，生命变化单元分值总计在 150 ～ 199 的人，37% 的可能在 2 年之内患病；200 ~ 299 分的人，51% 的可能在 2 年之内患病；超过 300 分的人，79% 的可能在 2 年之内受伤或患病。这个论述有许多类似的研究，都有相应的依据。因此这个概念可能解释事故频发倾向的原因。

表 2-1 生命变化单元表

级 别	变化事件	值	级 别	变化事件	值
1	配偶死亡	100	23	子女离家	29
2	离婚	73	24	姻亲纠纷	29
3	夫妻分居	65	25	个人取得显著成就	28
4	坐牢	63	26	配偶参加或停止工作	26
5	亲密家庭成员丧亡	63	27	入学或毕业	26
6	个人受伤或患病	53	28	生活条件变化	25
7	结婚	50	29	个人习惯的改变（如衣着、习俗、交际等）	24
8	被解雇	47	30	与上级矛盾	23
9	复婚	45	31	工作时间或条件的变化	20
10	退休	45	32	迁居	20
11	家庭成员健康变化	44	33	转学	20
12	妊娠	40	34	消遣娱乐的变化	19
13	性功能障碍	39	35	宗教活动的变化（远多于或少于正常）	19
14	增加新的家庭成员（如出生、过继、老人迁入）	39	36	社会活动的变化	18
15	业务上的再调整	39	37	少量负债	17
16	经济状态的变化	38	38	睡眠习惯变异	16
17	好友丧亡	37	39	生活在一起的家庭人数变化	15
18	改行	36	40	饮食习惯变异	15

续表

级　别	变化事件	值	级　别	变化事件	值
19	夫妻多次吵架	35	41	休假	13
20	中等负债	31	42	圣诞节	12
21	取消赎回抵押品	30	43	微小的违规行为 （如违章穿马路）	n
22	所担负工作责任方面的变化	29			

二、目标自由警戒理论

目标自由警戒理论是由 Willard Kerr 博士（2018）提出的，他认为事故仅仅是一种低质量的工作行为——发生在人而非物的身上，提高工作质量水平包括提高警戒水平，高的警戒水平只能由奖励来支撑。获得奖励的机会越多，警戒水平越高，工作质量越高，事故的发生概率越低。这个理论与现在的组织心理学理论类似。

三、动机激励理论

基于目标自由警戒理论，Peterson（2016）进一步提出了动机激励理论，如图 2-8 所示。在员工中，员工的安全绩效依赖于其动机和能力。能力是员工选拔和培训所要达到的。动机则更复杂，它依赖于组织形式和氛围（主要受老板影响，但更多的是受上级管理人员和全体员工安全的影响），自己的个性，工作是否快乐，工作的激励因素（例如，是否允许完成、是否对它负责、能否通过它得到提升），自己的小群体（建立和加强的准则），工会等。

基于绩效有各种会影响员工对于工作绩效满足水平的奖励（包括正面的和负面的）。这些奖励来自老板（和组织）、小群体、工会，以及自己对于已完成工作的感觉（内在奖励）。得到奖励之后员工会与他期望的奖励相比较，判断他对这奖励是否满意，这会影响他是否还有动力完成同样的绩效。

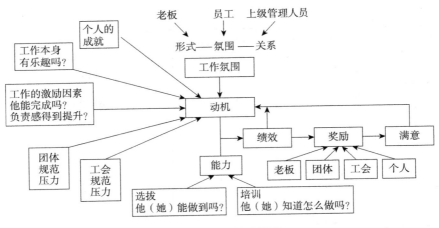

图 2-8　动机激励模型

四、压力适应理论

压力适应事故致因理论认为不正常的、消极的、分心的压力会增加人发生事故或低质量行为的可能性。这个理论所说的消极的、分心的压力来自人的内在或外在因素。这种压力是间断的而非固有的、持久的。已经发现的与事故明显相关的间断因素包括工作场所温度、照明、舒适度、阻塞度、工作努力程度、操作部分的重要性、操作频率、是否饮酒及个人疾病影响。该理论认为人会受超压，一旦这种情况发生，人就更容易发生事故。

五、Ferrell 理论

亚利桑那大学人因学教授（Russell Ferrell，1990）博士提出了这一理论，模型如图 2-9 所示。该理论认为事故的发生是由于因果链，即一个或多个人的失误造成的。所有事故的初始事件的发生都是由于人的失误。以下三种情况之一导致了人的失误：①由于承受的压力与限度不符导致超压，在激励状态下易受影响；②由于不相容导致的错误反应；③由于不知道怎么做更好或故意冒险而产生的错误行为。由于这是一个基本的人因模型，因此这里重点放在前两个因素上——超压和不相容。

图 2-9 Ferrell 模型

　　每个人的天赋、身体条件、精神状态、培训水平、污染物影响、所承受压力、疲劳程度各不相同，当一个人处于特定的激励状态下，这些因素就会起作用。

　　在这个理论中不相容可以通过激励物与需求之间的不相容或者工作状态之间的不相容（错误的尺寸、需要更大的力、不能达到等）来理解。

　　不正确的行为可以理解为不知道什么是正确的行为或故意冒险。做出这种行为的原因是他觉得这种情况发生危险的可能性较小，或者发生事故造成的损失较小。这些都是个人问题或态度问题。

六、Petersen 事故致因模型

Petersen 模型是 Ferrell 模型的改编模型，如图 2-10 所示。这个模型与 Ferrell 模型的不同之处在于其允许两种可能的事故原因，正如海因里希多米诺理论那样：人的失误或系统失效。事故的原因可以是其中的一个或两个都是。

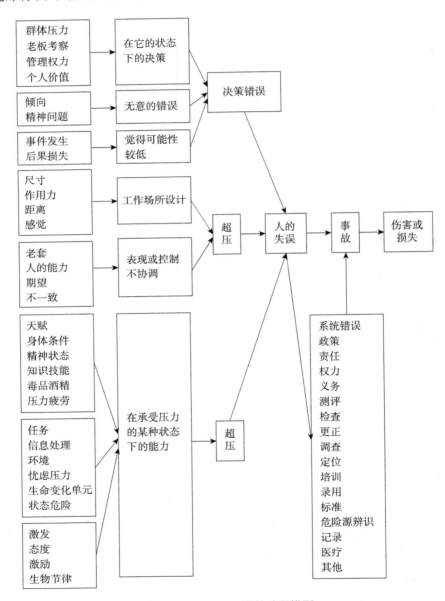

图 2-10　Petersen 事故致因模型

这个模型认为人失误的原因有三类：超压、陷阱和决策错误。超压与 Ferrell 模型很类似，定义为在某种状态下与承受压力限度不符。但是压力的类别有一些不同，包括生命变化单元、危险工作情况等，且状态类别分为 4 类：激发、激励、态度和生物节律。

最大的不同是第三类，叫作"决策错误"，这个类别说明人通常由于意识决策（或无意识决策）而导致失误。由于群体压力、权力体系或生产压力等，有很多时候人会选择实施不安全的行为，因为在那种情况下不安全行为比安全行为显得更有逻辑。这个模型也整合了真正有事故频发倾向的人。这种人尽管很少，但他们确实存在，并且由于无意识的期望而卷入事故中并受到伤害。

最后，这个模型认为许多人实施不安全行为仅仅是因为他觉得这种行为发生危险的可能性较小，或者发生事故造成的损失较小。

第五节　系统论

事故致因模型中最大的一类就是系统模型。随着系统安全科学的发展，许多人从系统的角度提出了许多新的模型。

与传染病模型类似，系统模型中人、工具和机器、工作环境之间不是相互独立的。Bob Firenz（2019）提出了如图 2-11 所示的模型。

每一个人，不论他是机械师、药剂师、铸造工等，所进行的工作都是人机系统中的一部分。

这样一个系统由机器、操作机器的人及整个工作过程所处的环境组成。这样设计这个完整系统的目的是得到一个期望的结果——在有限的环境和可接受的时间内得到产品或完成任务。

假如系统按照计划运行，通常也能取得期望的结果。但是，人、机器或环境的失效将降低完成任务的效率。

在给定的环境中人和机器功能的匹配对于系统的效率和系统完成预定功能的能力非常重要。

如图 2-11 所示，在人机系统和任务之间存在空白。在这个空白中发生的过程是理解人为失误事故的关键之一。

图 2-11 所示的系统为了达到目标，必须发生一系列相继的过程。

（1）人必须做出决策。基于这些决策，人为了达到目标而承受一定的风险。在任何情况下，人做出决策需要信息。信息越好，决策也就越好，也就可以估计到越多的风险。信息越差，做出不良决策的可能性也就越大，风险也越大，导致事故发生的可能性也越大。

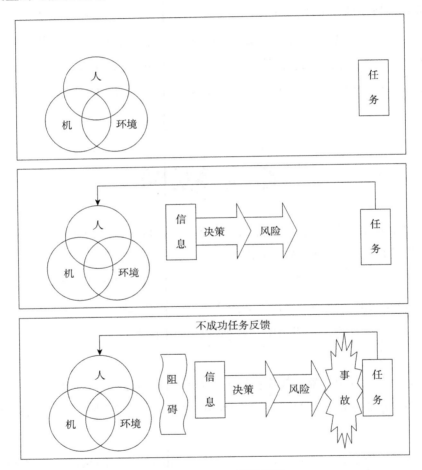

图 2-11　Firenze 系统模型

（2）系统中的机器必须无失效地高效运行。设计不良或保养不良的机器或工具有可能引起事故的发生。

（3）环境在系统中扮演很重要的角色。环境失效可能会影响人或机器，使其处于容易发生事故的状态。

在做出决策之前，人会收集或去除关于任务的部分或全部不确定的信息。这种不确定主要包括两个方面：任务的要求和危害结果的性质。如果他的信息库充足，则由于他的决策导致的不确定风险将会在可以预计的范围之内，且他失败的可能性也会降低。

基于这个原因，一种努力就是通过培训来使人员获得足够多的信息，这有助于他们做出决策，做出高效的行动，同时使人失效的可能性最小化。

这里存在一种叫被期望的规则，即他对于工作有足够的知识就能做出明智的决策。

已知的决策能力阻碍经常会出现，并阻止其做出明确的、理智的决策。这些阻碍可以是心理上的、生理上的或身体上的。

这些阻碍通常会阻止正确决策过程的发生。毒品和酒精是常见的作用于身体的、生理上的阻碍因素。也有忧虑、好斗和疲劳等心理阻碍，以及强光、极限温度和低照明等环境阻碍。

每种阻碍都能自己或与其他因素一起引起错误的不安全行为。

当一个人分心的时候，他经常犯错误。这种错误通常是事故的主要原因。

能够影响系统的因素都可能是事故原因。工具或机器的设计必须考虑会影响成功完成操作的环境因素。

最后很重要的一点，就是应该考虑系统中不同的人对于环境中的许多影响并不是完美应对的。考虑到这一点，就能理解不管这个人多么聪明、经过多少培训、掌握多少信息，在某些情况下他还是会犯错误。其中一些错误会将其卷入事故之中。

这不是说应该放弃提高人的知识水平。如果一个人的决策能力经过充分的发展，除了能增加其对工作相关危险源的理解及提高预测事故的能力外，其比对这些问题根本没有理解的人，更有机会不受到伤害。

一、Ball 模型

前面介绍过能量释放是事故致因的一个必要过程。Leslie Ball（2010）博士提出了基于这一概念的事故致因模型，如图 2-12 所示。他的论点是所有事故的发生都是由于危险源，而所有危险源都包含能量，即包括毁灭性的能量源或缺乏需要的重要能量。在辨识危险源过程中这个模型非常有用。

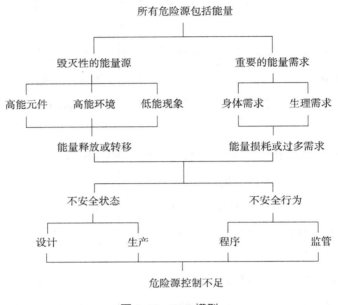

图 2-12　Ball 模型

二、综合事故模型的使用

事故天气模型（Synoptic Accident Model）以两种方式看事故过程，如图 2-13 所示。

通过一系列垂直的层面，其中低层个人因素由高层的宏观方向确定，宏观方向的影响效果也都显示在较低层面上。

水平的"车间层"层面图表示的是人员与系统的其他 4 个因素之间的相互作用。第 6 个因素是管理，即使用员工参与管理法（Participative Management）。

"车间层"这个术语用来表示两个较低的层次而不是工作场所，表示所有的管理都是工作场所的一个部分。

程序、员工选择和培训是相关联的。

在"车间层"层面，为了认识到人员的局限性，特意将人与其余 4 个因素分开。尽量有意识避免将过失和责备作为指导思想。

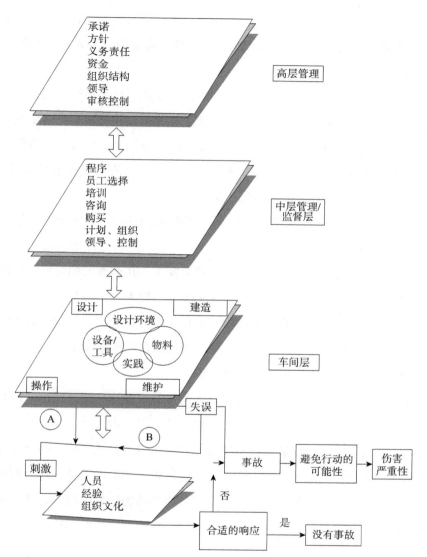

图 2-13 事故天气模型

关于"车间层"的一些解释如下。

（1）在"车间层"层面的上端，来自像设计、建造、操作和维修的管理层的问题影响着用圆圈表示的系统的相交叠的 4 个部分。

（2）第三个层面解决机器或系统的设计、建造、操作和维修/维持。在相互作用的复杂网络中可能产生失误。但是在机器或系统与操作人员之间有相互作用的路径（路径 A——在系统中设计，如警告灯、听觉信号、压力测量；路径 B——如警告机器失效的声音）。各种信号和刺激，不管是有意的还是无意的都警示人们要出现的问题。

（3）作为好的管理实践的主要结果，培训、选拔、经验和组织文化，决定一个人对于刺激或信号是否有适当的反应。不注意、粗心和疏忽不是需要重点关注的因素。因为一般来说，他们只是不良管理实践的结果。好的管理实践要考虑到人的局限性，像力量、视力、身材、听力和过载信息。在缺乏经验的重要地方，如果不可避免，必须通过足够的培训来弥补。

（4）如果人对失误有适当的反应，像模型展示的那样，就不会有事故发生或可以降低事故的严重程度。

（5）如果对失误无适当的反应，事故就会发生。在这点上如模型所示仍能避免对个人的伤害或降低伤害程度。适当避免事故的技术，例如在氯气泄漏地有自救呼吸器以及迅速离开氯气泄漏地都能避免伤害，这得益于充分的应急训练、应急设备、应急体系和应急程序。因此标识出上部层面的问题很重要，一旦上部层面发生问题就可能引起下部层面的连锁反应。

纵观整个事故致因理论的发展过程，无论是骨牌理论、能量理论，还是系统论，各理论逐渐从个体因素过渡到组织因素，从单向因素过渡到管理因素，但对管理的内涵和组织的安全职能却没有明显的界定。因此，从事故致因理论分析事故预防从原理上具有一定的滞后性，而基于事故致因理论的安全文化分析则明显不充分。基于此，考虑对安全文化的研究欲采用原始的信息沉淀法，通过对安全文化理论研究相关信息的沉淀，确定企业安全文化建设的理论基础。

第一节　研究方法的选择

要科学、完整、准确地认识事物，选择科学的研究方法至关重要。

所谓科学研究方法就是认识自然和社会，获取科学知识的途径、程序、手段、技巧或模式[1]。

科学研究方法的种类很多，不同的研究对象和分类标准有不同的分类。按照科学认识的发展阶段，科学研究方法大致分为三类[2]。

一、经验方法

一般来说，事物的本质和规律是隐藏在现象中的，即在经验材料的背后。只有在关于对象的经验材料十分完备、准确可靠时，才能在这些材料的基础上建立正确的概念和理论，揭示对象的本质和规律，解决理论和实际问题。获得经验材料的方法就是经验方法，通常包括 4 个方面。

1. 文献研究法

文献研究法就是对文献进行查阅、分析、整理，从而找出事物本质属性的一种研究方法。

2. 社会调查法

社会调查法是系统地、直接地搜集有关社会现象的资料，并在此基础上进行

---

[1] 李醒民 . 科学方法概览 [J]. 哲学动态，2008(9)：8–15.

[2] 孙其信，梁大中 . 科学方法的分类浅析 [J]. 山东师大学报（自然科学版），2000，15(1):31–34.

分析、综合、比较、归纳，借以发现存在的社会问题，从而探索其有关规律的研究方法。根据调查目的、调查对象和调查内容的不同，社会调查法可分为访问调查、问卷调查、个案调查等多种方法。

3. 实地观察法

实地观察法是研究者有目的、有计划地运用自己的感觉器官或借助科学仪器，直接了解各种自然和社会现象的方法。

4. 实验研究法

通过控制和操纵一个或多个自变量并观察因变量的相应变化，以检验和认识实验对象的本质及其规律的方法。

二、理论方法

要获取完整的科学认知，仅仅运用经验方法是不够的，还必须运用科学认知的理论方法，对调查、观察、实验等所获得的感性材料进行整理和分析，将原来属于零散的、片面的和表面的感性材料进行加工，使之上升为本质的、深刻的和系统的理性认识。科学研究方法中的理论方法就是提供这种从感性认识向理性认识飞跃的切实可行的、具体的思考方法与加工处理步骤的方法。它主要包括两种方法。

1. 数学方法

数学方法是用数学语言表述事物的状态、关系和过程，并加以推导、演算和分析，以形成对问题的解释、判断和预测的定量方法。它包括数理统计方法、最优化方法、微分方程与差分方程方法、模糊数学方法、神经网络方法、图论方法及其他方法等。

2. 逻辑方法

逻辑方法是根据逻辑科学的理论对感性材料进行加工和整理的思维方法。在科学研究中，最常用的科学思维方法包括归纳演绎、类比推理、抽象概括、思辨想象和分析综合等，逻辑方法对于一切科学研究都具有普遍的指导意义。

三、系统科学方法

所谓系统科学方法就是按照客观事物本身的系统性，将所要研究的对象放在系统的形式中加以考察的科学方法。即从系统的观点出发，在整体与部分、整体与环境的相互联系和相互作用的关系分析中综合地、精确地考察对象，以求得整体的最佳功能的科学方法。

系统科学方法按时间维度可划分为三个层次：一是一般系统科学方法，包括系统方法、信息方法、控制论方法；二是自组织方法，包括耗散结构理论、协同学及超循环理论中的一些方法；三是复杂性方法，包括非线性理论、突变论、混沌理论和分形理论中的一些方法[①]。

一般系统方法依据系统论、信息论和控制论还可以发展出多种具体的方法，如系统分析法、系统模型法、系统决策法、功能模拟法、黑箱方法、灰箱方法、反馈控制方法、系统动力学方法等。

由于城市生活垃圾管理系统属于复杂动态反馈性系统，而系统动力学对复杂动态反馈性系统问题的研究又有其独到之处，所以本书采用系统科学中的系统动力学方法，通过建立模拟模型来分析研究城市生活垃圾的管理战略与策略问题。

第二节 系统动力学方法的特点

系统动力学（System Dynamics，SD），是一种以计算机模拟技术为主要手段，分析研究和解决复杂动态反馈性系统问题的方法。它是一门新兴的交叉学科，被誉为"战略与策略实验室"。系统动力学创建于 1956 年，创始人为美国麻省理工学院的 Forrester 教授。最初，系统动力学是为分析生产管理及库存管理等企业问题而提出的系统仿真方法，被称为工业动态学。

1969 年系统动力学开始用于美国城市的兴衰以及发展规划问题的研究，由此将系统动力学的应用引向了广泛的社会科学领域。

---

① 徐贵恒．系统科学方法应用研究 [J]．理论研究，2006(6)：54-57.

1970 年罗马俱乐部采用 Forrester 教授提出的世界未来发展模型 I（SD World），利用系统动力学来研究世界未来发展前景问题。于 1972 年发表了震惊世界的研究成果——《增长的极限——罗马俱乐部关于人类困境的报告》，并由此引发了可持续发展的新理念。

罗马俱乐部世界未来发展前景研究组认为："我们已经建立的模型，像其他每一个模型一样，是不完备的、过分简化了的和未完成的。我们完全意识到了它的缺点，但我们相信，它是现今适用于处理空间—时间图表上远处出现的各种问题的最有用的模型"①。

1972 年，以 Forrester 为首的麻省理工学院系统动力学研究组开始研究美国全国的经济模型。该模型把美国的社会经济问题作为一个整体加以研究，揭示了美国与西方国家经济兴衰形成的内在机制，解开了在经济方面长期存在的、令经济学家们困惑不解的一些难题。这个模型和长波理论方面的研究成果，使系统动力学方法得到了普遍认可，并得到了世界许多国家和组织的广泛应用。

20 世纪 80 年代初，我国开始引进系统动力学，在我国自然科学、人文社会科学和工程技术等领域广泛应用系统动力学，并取得了良好的研究效果。

总体而言，系统动力学有其成熟规范的建模方法、模拟语言（Dynamo）和模拟软件。它具有如下的一些基本特点②。

①可在宏观与微观层次上对多层次、多部门的复杂大系统进行综合研究，可将影响系统运行的各种因素统一在一个模型中加以考虑。

②便于实现建模人员、决策者和专家群体的三结合，便于融会各种学科人员的专业知识和经验以及运用各种数据和资料。

③可把系统中一些难以量化的指标，通过计算机语言转换为数理的、统计的表达，并最终给出数值计算和模拟结果。

④可以根据真实系统的变化和政策设想，对模型进行持续性的调整，进行预测和分析，以寻求满意的答案；有利于将管理理念转化为现实的、科学的决策子

---

① 德内拉·梅多斯，乔根·兰德斯，丹尼斯·梅多斯. 增长的极限 [M]. 李涛，王智勇，译. 北京：机械工业出版社，2022.

② 王其藩. 系统动力学理论与方法的新进展 [J]. 系统工程理论方法应用，1995；4(2)：6–12.

系统动力学模型，并作为一个政策模拟平台而长期使用。

⑤系统动力学模型是一种结构模型，在模型体系中有着最多的"接口"，可以较容易地实现和其他模型的对接。系统动力学模型本身的不足之处，可以通过嫁接其他模型来弥补，便于实现对策方案的优化和模拟结果的多维展示等[①]。

第三节　系统动力学建模方法[②][③]

系统动力学认为，系统由单元、单元的运动和信息所组成。单元是系统存在的现实基础，而信息的反馈作用是单元运动的根源。系统的基本结构是反馈回路，反馈回路决定了系统的动态行为。系统的状态可以用水平变量来描述，水平变量起着积累的作用，它不能在瞬间被改变，而是决定于它的输入和输出流率。输入和输出是决策变量（定义为速率变量），它只依赖于水平变量的现值和决策参量，即水平变量只能将信息传递到决策变量，决策变量也只能引起水平变量的变化。可以说，状态变量的变化是系统动力学的核心。

基于最基本的系统动力学原理，Forrester 创建了一种系统建模语言——Dynamo，通过一系列的符号和编程规则，建立真实系统的仿真模型，从而进行系统结构、功能和动态行为的模拟，以实现系统的有效调控。其具体分析如下。

一、状态变量方程

状态变量方程又称水平方程、存量方程或积累量方程。状态变量用一个方框"□"来表示。一个状态变量方程就像是一个蓄水池，它积累变化的流率。流入的流率引起存量的增加；流出的流率导致存量的减少。一般用一个差分方程来表达。

---

① 方创琳. 区域规划论 [M]. 北京：科学出版社，2000.

② 王其藩. 系统动力学 [M]. 北京：清华大学出版社，1988.

③ 乔治·P·雷恰逊，亚力大·L·浦. Dynamo 系统动力学建模导论 [M]. 杨通谊，杨世胜，叶映红，译. 合肥：安徽科学技术出版社，1987.

$$L \quad \text{L.K=L.J+DT}*(\text{RA.JK}-\text{RS.JK})$$

式中：

　　L—状态变量语句标记；

　　L.K—在时刻 K 计算得出的状态变量的新值；

　　L.J—在前一时刻 J 的存量；

　　DT—时刻 J 到时刻 K 求解区间的长度，又称步长；

　　RA.JK—在 JK 区间的流入速率；

　　RS.JK—在 JK 区间的流出速率。

区间划分如图 3-1 所示。

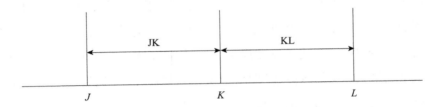

图 3-1　Dynamo 语言中的时间递推机制

　　状态方程实质上执行的是求积分的运算，当求解区间 DT 划分得无穷小的时候，存量方程就可以表达为积分形式：

$$L = L_0 + \int_0^t (\text{RA-RS}) \mathrm{d}t$$

二、速率变量方程

　　速率变量方程用来实现系统内实物流的控制。速率变量方程的输入与输出控制着水平变量的增减和在各水平变量之间的实物流动。速率变量是存量和参变量的函数，用一个"⌖"来表示。它的一般表达式是：

$$R \quad \text{R.KL} = f(\text{L.K}，\ C)$$

　　以一个没有人口迁移的固定地区的人口变化为例（图 3-2），速率变量方程可以表达为：

$$R \quad \text{BIRTH.KL=BRF*POP.K}$$

$$R \quad DEATH.KL=DRF*POP.K$$

或者表达为：

$$R \quad NNPG.KL=RNPG*POP.K$$

式中：

R—速率变量方程的标记；

BIRTH.KL—人口出生率（人／年）；

BRF—出生系数（1／万人·年）；

POP.K—人口总数（万人）；

DEATH.KL—人口死亡率（人／年）；

DRF—死亡系数（1／万人·年）；

NNPG.KL—人口自然增长率（人／年）；

RNPG—人口自然增长系数（1／万人·年），它等于人口出生系数和死亡系数之差。

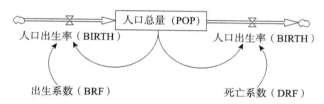

图3-2　一个没有人口迁移的固定地区的人口模型

三、辅助变量方程

在实际的系统中，速率变量的影响因素是很复杂的。用一个表达式来确定速率变量方程，往往需要多层函数嵌套，这样既不利于速率变量方程的编写，也不利于观察外部变量对系统的影响。因此，常常将速率变量方程分解成几个独立的方程，用辅助方程对速率变量方程进行细致的刻画。它用一个"〇"来表示。

例如，根据物理学原理，一个密闭容器中的液体，其冷却速度与液体和环境的温差及传导介质的导热系数有关。其模型流图如图3-3所示，用Dynamo语言可以表达如下：

$$R \quad YTWB.KL=CONST*YHWC.K$$

式中：

YTWB.KL—液体的温度变化率（℃/秒）；

CONST—介质导热系数（1/分）；

YHWC.K—液体与环境的温差（℃）。

很显然，液体与环境的温差是一个变量，需要进行计算。用 Dynamo 语言书写如下：

$$A \quad YHWC.K=HJWD-YTWD.K$$

式中：

A—辅助方程标记；

HJWD—环境温度（℃）；

YTWD.K—液体温度（℃）。

上面所举的只是一个最简单的例子。在实际建模过程中，要把复杂的因果环节中的各个重要的概念分离出来，建立多个不同的辅助方程。

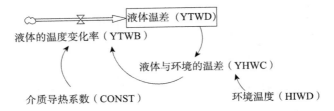

图 3-3　液体冷却模型流图

四、常量方程

常量是系统中参变量的最简单形式，它与存量共同决定着流率的变化，常量用"≒"来表示。常量方程就是给常量赋值，它的通用表达式是：

$$C \quad C_i = N_i$$

式中：

C—常量方程标记符；

C_i—常量名称；

N_i—常量值。

五、表函数

当不能用函数、辅助方程来定义系统中某些变量间的非线性关系或者是常量在模拟过程中需要改变其值的时候，可以使用 Dynamo 的表函数。

自变量与因变量的关系通过列表给出的函数叫表函数。表函数并不稀少，日常生活中，经常可以见到以时间间隔相同表达的各类统计报表，这些都是表函数。但是，系统动力学所要描述的非线性变量关系通常并不是以时间作为自变量的，表函数的自变量很多是同模型中其他一个或若干个变量的因变量。

表函数通常都是依赖于离散的点运作。对于某些未包含于表函数内的点，Dynamo 通常采用线性插补的方法自动获取。

建立一个能正确表达变量之间对应关系的表函数并不容易。它往往是一个定性与定量相结合，反复分析的结果。要建立一个具体表函数，必须考虑所涉及的自变量、因变量的实际背景，再仔细研究其包含的一般数学问题及一般统计问题，进行深层次的量化分析，最后得出能反映变量间一般关系规律的量表作为表函数才能用于 SD 模型。

利用表函数来描述非线性关系是系统动力学最重要的特点之一，其具有很强的技巧性。大量的系统动力学教材和实际应用模型可为设计特定的表函数提供借鉴和帮助。

六、初始值方程

初始值方程是给状态变量方程或者是某些需要计算的常数赋予初始值。所有模型中的状态变量方程必须赋予初始值。这些状态变量的初始值，提供了决定即将发生的速率变量变动所需要的全部系统状态。

它的通用表达式是：

$$N \quad L_i = M_i$$

式中：

N—初始值方程标记符；

L_i—初始值名称；

M_i—初始数值。

例如，一个没有人口流动的封闭地区的人口数量模型。初始值为 1000 万人；出生系数为 6‰；死亡系数为 5‰。其总人口的 Damamo 方程可表达如下：

L POP.K=POP.J+DT*（BIRTH.JK-DEATH.JK）

R BIRTH.KL=BRF*POP.K

R DEATH.KL=DRF*POP.K

C BRF=0.006

C DRF=0.005

N POP=1000

上述程序表明，一个没有人口流动地区的人口总量是人口数量初始值为 1000（万）和人口出生率（年出生量）及死亡率（年死亡量）的差值随时间积累的结果。

七、源与汇

源是实物流的发源地，表示物从何来。它是从系统之外通过流进入系统之内的。当一支流的源对系统没有影响时，则表示此流是从一个"无限"源流出的，一个"无限"源是不能被取尽的。对于特定意义的模型，将产生模型方程所需要的任何流。

汇是实物流的聚集地，或者是流消失的地方，表示物去何处。它是从系统之内流向系统之外的。

源与汇都用云状"☁"的图形表示。它们都独立于系统之外，与系统的行为无关。

八、物流与信息流

系统中一般只有两种流——物流和信息流。如果有其他的流需要表达，如资金流、订货流等，也可以归结到物流和信息流之中。

物流存在于守恒变量的子系统中，用实线"——"表达。信息流存在于非守恒子系统中，用虚线"----"表达。

当然，在窗口化的系统动力学建模软件中构图时，对上述两种流也可以不加以区分，都用实线来表达。

九、筑模和测试函数

为了快速、准确地构筑模型和检验所建立的模型对真实系统的反映程度，Dynamo 为我们提供了多种类型的函数。这些函数大致可以分为两大类：一类是为了构筑模型所使用的，简称筑模函数，其中包括表函数（插值函数）、延迟函数、平滑函数、计算函数（数学函数）和逻辑函数等；另一类是测试函数，用于揭示模型内部结构与其动态行为的关系，深入地研究模型及其所代表的信息反馈关系，其中包括阶跃函数 STEP、斜坡函数 RAMP、脉冲函数 PULSE、正弦函数 SIN 和余弦函数 COS 等。当然，某些筑模函数也用于模型的测试，如延迟函数和逻辑函数等。

随着软件技术的发展和对系统动力学研究方法更广泛的需求，系统动力学软件所提供的函数越来越多，已由过去的几十种增加到现在的数百种，这使模型的构筑和检验也越来越方便。

十、控制语句

为了按照人们的意愿将模拟结果输出来，需要一些输出命令，这些命令主要包括三个：SPEC 语句、PLOT 语句和 PRINT 语句。

1. SPEC 语句

SPEC 语句用 4 个参数来确定模型的模拟过程和结果输出。它们分别是：

DT——计算间隔；

LENGTH——规定模拟停止的时刻；

PLTPER——给定绘制图形相邻两点间的时间间隔；

FRTPER——给定打印结果相邻数据间的时间间隔。

2. PLOT 语句

PLOT 语句规定把哪些变量绘制在一张图上。可给变量赋予相应的字符或数字，这样，打印出来的就是字符或数字形成的曲线。

3. PRINT 语句

PRINT 语句仅需列出所需要打印的变量名，相应的数据就能按照表格形式每隔 PRTPER 时间间隔打印出来。

此外，Dynamo 还有模型的注释语句及运行命令。这些内容（控制语句、注释语句和运行命令）对使用窗口化系统动力学软件的人们来说，已经不太重要了。因为这些内容都已经用图标的形式集成在窗口，或者在某一图标的下拉小窗口之中，可以很方便地使用。

第四节　系统动力学建模基本步骤

随着系统动力学理论与方法研究的不断深入，系统动力学已经形成了两种建模方式：传统的建模方式 [1] 和基于入树结构理论的建模方式 [2]。

一、系统综合分析

系统动力学是以系统作为研究对象的。所以，要构建模型，首先就是要进行系统综合分析。系统分析的主要任务在于分析问题和剖析要因，其内容主要有以下几个方面。

①了解用户提出的要求、明确建模目的。

②调查收集有关系统的情况与统计数据。

③分析系统的基本问题与主要问题；分析变量与主要变量。

④采用深度会谈、系统思考的方法，根据建模目的，集中系统工程专家、管理专家、经济专家以及相关领域专家与实际工作者、课题研究者的智慧、形成定性分析意见，初步划定系统的边界，并确定内生变量、外生变量、输入变量等。

⑤确定系统行为的参考模式。即用图形表示出系统中的主要变量，并由此引

---

① 王其藩. 系统动力学 [M]. 北京：清华大学出版社，1988.

② 贾仁安，丁荣华. 系统动力学——反馈动态性复杂分析 [M]. 北京：高等教育出版社，2002.

出与这些变量有关的其他重要变量，通过各方面定性分析，勾绘出有待研究问题的发展趋势。

二、建立流位流率系

1. 确定流位变量

流位变量是在系统动力学模型研究中视为积累效应的变量。确定流位流率系下流位变量的依据是建模目的，即是为了观察主要研究对象的变化趋势。

2. 确定流率变量

当流位变量确定以后，对应的流率变量自然跟随而来，即有流位变量，就一定会对应着一定形式的流率变量。

流位变量对应的流率变量有 3 种形式：

①流入率、流出率都不恒等于零；

②流入率恒等于零或流出率恒等于零；

③流入率与流出率为合成流率，即为流入率与流出率的差值。

3. 确定因果关系图、流图或流率基本入树模型

（1）确定辅助变量

以 3 种搜索方法确定辅助变量：

①从流率开始向流位方向搜索；

②从流位开始向流率方向搜索；

③分别从流率、流位开始相向搜索。

（2）确定增补变量与外生变量及参数

①增补变量根据"用户"需要而定。增补变量不进入反馈环。

②外生变量及参数是为了刻画环境对系统的影响及人参与调控等而设立，外生变量式的确定往往要通过与其他模型或方法相结合才能建立。

（3）形成整体结构流率基本入树模型或流图模型

上述流位、流率、辅助增补、外生变量、常量及其相关关系确定了，整个入树或称流图结构模型也就确定了。

三、建立数学的规范模型

①依据系统的结构关系和参变量间的逻辑关系，编写 L、R、A、C、N 诸方程。

②确定与估计参数，并置入方程之中。

③在窗口化的系统动力学模拟软件的编程窗口中，给表函数赋值。

四、系统结构分析

系统结构分析的主要任务在于处理系统信息，通过反馈环的分析，确定系统的反馈机制。它包括以下内容。

①分析系统总体与局部的反馈机制。

②进行反馈环分析。确定回路及回路间的反馈耦合关系；初步确定系统的主回路及它们的性质；分析主回路随时间转移的可能性。即在由流率基本人树嵌成的结构模型中，找出所有或部分重要反馈环；然后，找出系统的基模和主导反馈环，通过系统基模、主导反馈环参数调式等途径，对系统模型进行调试。

③模型试运行。其目的是发现问题与矛盾，经过对系统的结构与功能、系统边界合理与否的再分析，对模型进行修改与调整。其中包括结构与参数的修改和调整。

五、模型的检验与评估

这一项内容包括模型的结构适应性、行为适应性、模型结构与实际系统的一致性，以及模型行为与实际系统一致性的检验与评估等。其目的是得到与真实系统行为高度一致的模型。这一步的内容并不都是放在最后一起来做的，其中有些部分是在模型的构筑过程中分散进行的。

六、调控或决策方案的模拟

在模型有效性确认的基础上，用设定的多种决策方案在计算机上作仿真模拟，从而得到未来变化的模拟结果，以此作为决策调控的依据，并进行综合结果分析。

七、最终决策方案确定

与专家用户多次对话，将定量仿真的方案与各种定性分析方案进行比较、评价和修改，反复进行计算机仿真调试，以揭示系统的整体涌现性，最后确定可供执行的决策方案。

第五节　系统动力学模拟软件的选择

随着软件开发技术的发展，特别是 Windows 操作系统的广泛普及，系统动力学模型的模拟程序由 DOS 操作系统下的手动编程，发展到 Windows 环境下的计算机后台自动编程；程序运行也由顺序运行演变为事件驱动。这使得模拟软件使用起来越来越方便，大大简化了编程过程，提高了工作效率。

Windows 系统下窗口化的系统动力学模拟软件包括：STELLA Program series、VENSIM Program series、POWERSIM Program seriesModel Maker series， 以 及 Goldsim、Flexsim 等。

本书选择 Ventana System，Inc. 开发的 VENSIM Program series 中的 Vensim-PLE 作为模型构筑和模拟软件。

第四章 煤矿企业安全文化系统分析

第一节 企业安全系统的内涵分析及其系统特性研究

自 20 世纪 90 年代提出安全系统思想以来，安全系统的概念、特征、运行机制等得到进一步研究，这些成果为安全科学的发展奠定了基础。但在实践方面，如何应用安全系统思想指导企业的安全生产工作，尚需进一步研究。本章从企业的系统特性出发，在分析企业系统中的安全子系统功能和定位基础上，提出了企业安全系统的概念，对其所具有的系统特性进行分析和认识，为从系统的角度开展企业安全生产的正向研究奠定基础。

一、企业安全系统与企业系统的关系分析

1. 企业的系统特性

系统的思想由来已久，但首次将企业看作系统来研究管理问题的是巴纳德，他把企业看成是一个由物质的、生物的、个人的和社会的等几个要素组成的"协作系统"，尽管当时在研究过程中将这一系统看作封闭系统。随后，尽管在"系统"这一概念上尚存在争议，如贝塔朗菲将系统定义为"处于相互作用中的诸元素的集合"；钱学森将系统定义为"由相互作用和相互依赖的若干组成部分结合成的具有特定功能的有机整体"。但在以企业为主体的相关研究中，"企业可以看成一个系统"的观点得到了广泛认可。企业具有系统的特性，其系统构成描述如图 4-1 所示。

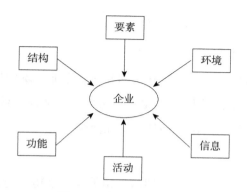

图 4-1 企业系统构成图

（1）企业系统构成要素

根据现代系统理论，元素是系统的最小单元，即不能、不许或无须再细分的单元，其根本特征是基元性。要素，又称要紧的元素。企业系统的要素是构成企业系统的基本单元，按照归类的方法，一般情况下包括人、物资、设备、资金、任务、信息。

（2）企业系统的结构

结构是系统科学的一个重要概念，它是由系统元素间相对稳定的关联所形成的整体构架。根据定义，系统研究最关心的是把所有元素关联起来形成统一整体的特有方式。企业系统的结构，是指企业系统内部各要素的排列秩序，它规定了各个要素在企业系统中的不同地位和作用，这种结构往往决定了各要素之间的相互关系，进而影响企业系统整体的性质和功能。

（3）企业系统的功能

功能是刻画系统行为的重要概念，是一个系统区别于另一个系统的主要方面。系统科学认为，凡系统都有自己的功能，并将其定义为系统行为所引起的环境中某些事物的有益变化。企业系统的功能，是企业系统存在的目的及意义。从本质上讲，企业系统的功能是在企业的活动过程中表现出来的，离开企业系统各要素之间及其与外部环境之间的物质、能量和信息的交换，便无从考察企业系统的功能。

（4）企业系统的活动

企业系统的活动，是指企业系统内部各要素之间、要素与系统之间以及系统与环境之间的能量、信息交换的过程。

（5）企业系统的信息

信息是系统的各构成要素有机联系的介质。企业系统的信息，是指系统内各要素在相互作用过程中传播与表述或交换的内容，是企业系统各部门、各层次、各环节相互间沟通联络、协调行动的桥梁和纽带。

（6）企业系统的环境

系统理论将一个系统之外的一切与它相关联的事物所构成的集合，称为系统的环境。企业系统的环境，是指企业系统之外与其进行着物质、能量和信息交换的所有事物。环境是企业系统存在、变化、发展的必要条件，当环境的性质和内容发生变化时，往往会引起企业系统的性质和功能发生变化。企业系统的整体属性只有在与环境的相互作用中才能体现出来。

企业系统首先是一个经济系统，它具有如下特征：

①企业系统具有复杂性；

②企业系统具有开放性；

③企业系统具有动态性；

④企业系统具有人为参与性；

⑤企业系统是一个典型的经济控制系统。

2. 基于企业系统的企业安全系统功能定位

市场经济条件下，经济性功能是企业系统的本征功能。而认识其系统内各要素的相互作用，可以采取划分子系统的方式，如图4-2所示。

将企业系统划分为资源系统、执行系统和环境系统三个层次。资源系统是企业系统的基础，它是指在一定的时间范围内，企业系统可支配的、能够影响企业系统发展与演化的一组资产，包括设备、工厂、资金、员工技能、品牌等，也可将其划分为实体资源、智力资源和文化资源三类。执行系统体现某一时刻主体的能力，根据企业内部的活动将其划分为运营子系统、商务子系统、财务子系统、安全子系统和组织管理子系统。环境系统通常被划分为自然地理环境、行业环境、宏观环境三类。

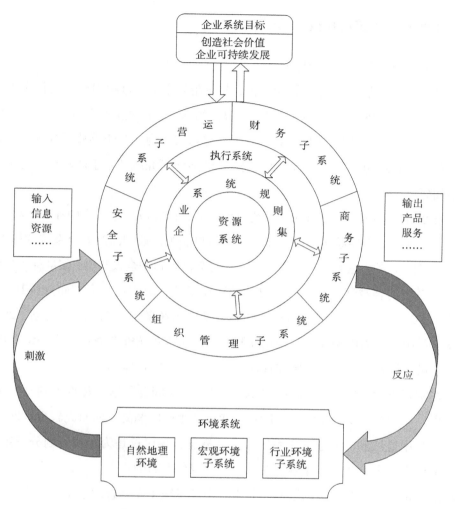

图 4-2 企业系统各部分的相互作用模型

安全子系统的主要功能是企业活动过程中的职业健康安全问题,不包括经营过程中的经济安全问题。企业安全系统作为企业系统的子系统,其主要功能是保障企业系统功能目标的实现。即,尽管从员工安全需求来看,它是一项重要功能,但实现安全生产不是企业系统的根本目的,只是企业系统的附属功能。安全生产作为一种社会形态,其最本质的属性是其必然要建立在现有的经济形态之上。也由此可以得出:脱离企业系统的经济性目标而追求高安全投入以获得较高安全水平是不现实的。

二、企业安全系统及其概念模型

1. 企业安全系统的概念界定

尽管自工业革命以来，众多安全学者都在关注生产过程中产生的伤害事故，并取得了较多的研究成果，但根据吴超教授的结论，这些大部分应归类于"基于事故观点的理论"，即使应用了系统观点，也可归类为"基于事故系统观点（人、物、环境、管理为事故系统的四大要素）"的逆向研究或"基于风险控制为主线"的中间研究。

自20世纪90年代提出安全系统思想以来，研究成果主要集中在安全科学基础方面，涉及安全系统的概念、特征、运行机制等，如刘潜从安全系统的构成方面提出了安全系统三要素，即安全人体、安全物质和安全人与物；张景林（2007）从安全系统的客观性、本征性、目的性、环境性、结构性5个方面分析其特性；吴超（2020）从安全系统论的角度谈到了安全系统的研究对象；李树刚（2019）将安全系统定义为由相互作用和相互制约，以实现系统安全为目的的一组有机元素（人员、设备、材料、环境和管理软件）构成的集合体。

在实践方面，"企业安全生产问题是复杂系统问题"这一观点得到多数学者的认可，但"基于安全系统"角度对企业安全生产问题的正向研究较少。即使在研究过程中应用到"企业安全系统"这一概念，也仅仅是为了便于划分子系统，如徐斌认为安全生产是企业系统在职业安全卫生方面的集中反映，结合企业安全生产的认识，将安全系统的结构划分为三个子系统（安全管理子系统、作业子系统和作业环境子系统）和三个层次（厂级、部门和车间）。

因此，在开展以实现企业安全生产为目的的"企业安全系统"正向研究之前，明确企业安全系统的概念及其特性是至关重要的。为明确企业安全系统的概念，以企业为研究对象，为企业安全生产的实现提供理论依据，本节从如何体现系统性方面进行分析。

首先，企业安全系统所具有的系统性可结合图4-1企业系统的构成来认识。

（1）构成元素

以企业的安全生产为研究对象，尽管"安全三要素"理论将安全系统归结为人、物以及人与物关系的相互作用，但要研究其内部相互作用，不仅要体现"类"，还必须注意到系统的基元性，元素则为系统的最小基元，即每一个成员、每一台设备及其作业环境等。因此，结合企业安全生产的覆盖范围，企业安全系统的构成元素为企业中的每一个人或物及其相互关系。企业安全系统依附于企业系统而存在。

（2）结构

企业安全系统的结构是指实现系统功能的过程中系统内各元素的关联形式或排列秩序。在任何企业中，企业安全系统都有其特定的结构。在系统元素不变的情况下，企业安全系统的结构会严重影响系统功能的实现，系统结构在表现形式上，如图4-3所示的两种企业安全组织管理机构对企业安全生产有不同影响。

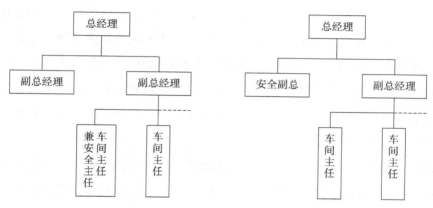

图4-3 企业安全管理的组织机构

（3）功能

企业安全系统的功能是实现企业的安全生产。在本质上，企业安全系统的功能是由企业的生产活动表现出来的，离开这一实体，谈企业安全系统就毫无意义。作为企业系统的子系统，说明其功能只是辅助企业实现目标。

（4）活动

每一个企业系统的活动都是千差万别的，企业系统的元素在活动过程中体现其联系。企业安全系统的各个元素也是在企业的活动过程中体现其联系，并通过某种关联方式在与外部进行能量、物质和信息的交换过程中表现出其功能。

（5）信息

系统的元素之间、系统与环境之间都有信息的流通、交换和利用。企业安全系统的各元素在企业的活动过程中或与外部环境作用中产生各种有关安全方面的信息，这些信息的采集、识别和利用影响企业安全生产功能的实现，也是联系企业系统各部门、各层次、各环节的纽带。

（6）系统边界与环境

凡系统都有其边界，系统科学中将系统与其外部分开来的东西，称为系统的边界。环境则是指系统边界以外的存在。企业安全系统的外部环境对其功能的实现具有较大影响，如在我国现阶段，安全法制环境、媒体监督等都对促进企业的安全生产起较大作用。

其次，从安全系统的特征来看，企业安全系统具有客观性和本征性。但企业安全系统作为一个抽象的系统，其客观性的表现只能在特定的条件下才能由观念性的转化为物质性的，如采取某项安全措施时，人们明确地感受到避免了事故的发生。或从预防的角度出发，明确地感受到应该采取措施避免事故的发生时，都能体现出安全系统的客观性。企业安全系统的本征性则主要是表明企业安全系统是不具有物理模型的客观抽象系统，其研究的出发点只能以安全这一抽象的思维进行定义、判断和推演。

由以上分析可以看出，企业安全系统既脱胎于企业系统但又有区别，企业安全系统应用企业资源形成一定的结构，并通过活动过程中的信息交换实现其功能，它是企业系统在功能上的一个分支，而不是构成部分。因此，不能够仅仅从"它是企业系统的一个构成部分"还原论的角度来认识。

结合贝塔朗菲给出的系统定义和企业安全生产的覆盖范围，将企业安全系统定义为：与实现企业安全生产目的相关的一系列相互作用的元素的集合。

2. 企业安全系统的概念模型

根据企业安全系统的构成特点及其系统特征，构建企业安全系统的概念模型，如图4-4所示。

安全科学理论认为，人、物以及人与物关系是构成安全系统三要素。同时认为，也只有三要素之间的相互作用才能构成安全系统，否则，只构成元素，不构成系统。因此，企业安全系统概念模型划分为三个部分：企业安全系统的基本单元（企业资源）、企业安全系统的作用过程、外界环境。

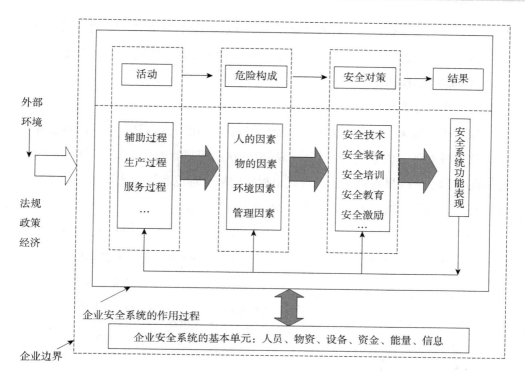

图4-4　企业安全系统的概念模型

（1）企业安全系统的基本单元

尽管企业安全系统是一个抽象的概念系统，但它具有客观存在性，而其客观存在性表现为安全系统三要素的物质性。即，企业安全系统的构成要素也是企业系统的构成要素，更进一步说，企业系统的企业资源为企业安全系统的存在提供客观物质支撑。

（2）企业安全系统的作用过程

企业安全系统是各构成要素在其相互作用中体系出来的，基于此，将其作用过程划分为活动、危险构成、安全对策和结果4个部分。活动包括了从个体的行为、动作到企业的生产作业活动、辅助生产活动等多个层次的相互作用。危险构成则是在活动过程中可能产生伤害或职业危害的各个因素，根据事故系统四因素理论，主要划分为人的因素（人的安全技能、安全知识、安全意识等）、物的因素（设备缺陷、工具缺陷、物的不安全状态等）、环境因素（噪声、光照度、粉尘、易燃易爆环境等职业危害或危险环境）、管理因素（安全管理职责不清、机构不健全、制度缺失等）。安全对策则是针对可能的安全风险采取的措施,包括采取安全技术、安全装备、安全培训、安全教育、安全激励、管理方法等措施。结果则是企业安全系统功能的实现程度。

（3）外部环境

外部环境包含了政策、法规、行业、经济、舆论、教育等一系列影响企业安全系统运行的外部因素集合。其外部环境的状况明显影响企业安全系统的运行,北川彻三的事故因果连锁理论、现代事故致因综合理论和社会实践明显地支持了这一观点。现代事故致因综合理论模型如图 4-5 所示。

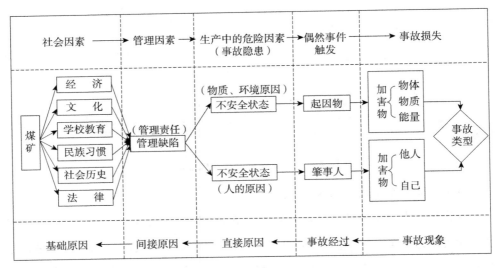

图 4-5　事故致因综合理论模型

三、企业安全系统的系统特性分析

1. 企业安全系统的演化特性

（1）企业系统的演化

演化,旧称天演,源于生态学的概念。尽管现代系统理论认为,演化是系统的普遍属性,但在概念界定上仍未达成一致。杰克·J·弗罗门认为演化是指渐进的变化和发展过程。Feistel 将演化具体区分为两方面内容:一是整体结构的演化;二是整体功能的演化。苗东升分别从广义和狭义的角度界定了演化,广义的演化是指系统的孕育、发生、成长、完善、转化、衰老、消亡等任何可能的系统变化。狭义的演化可从系统内部和外部两个角度看待：就系统内部而言，指系统结构方式的根本变化，从一种结构变化为另一种不同的结构；就系统外部整体而言，是指系统整体形态和行为方式的根本变化，从一种形态变化为另一种性质不同的形态，或从一种行为模式转变为另一种性质不同的模式。

在企业系统演化的研究方面，尽管在企业演化的动力和机制方面有所分歧，但都认可了企业是演化的这一观点。黄春萍认为企业系统演化是将企业作为一个系统，考察其在创立产生以后为了适应新环境的变化，通过搜寻行为改变惯例和规则，并不断调整自身行为和路径，由此导致的企业资源、状态和系统特性等的一系列变化过程和结果。

（2）企业安全系统的演化

由前面内容可知，企业安全系统依附于企业系统，并且作为一个由人处于主导地位并具有主观能动性和适应性的系统，时刻发生着变化。从内部看，设备设施的更新、生产技术的改变、制度的变化、管理结构和方式的改变等都是一种演化；从外部整体来看，随着社会环境和目标的变化，企业的安全生产状况好转或变差、企业的遵章守纪或违法生产等都是一种演化。

企业安全系统的演化具有以下两种特性。

①演化的不可逆性。根据系统运动变化的方向，将运动分为两大类：一类是变化的方向可以逆转，称为可逆运动；另一类称为不可逆运动，也称演化。这两类运动的判定在于系统一旦发生某种运动或变化，它是否能够"自发地"或"无后效性"地恢复到原来状态。企业安全系统作为能动系统，由于时间的单向性和能量的耗散性，它不可能"无后效性"地恢复到原来的状态，因此具有不可逆性。

②演化的有限性。根据系统演化理论，企业安全系统演化的有限性主要来源于两方面：一是时间上的有限性，企业安全系统，体现在其所依附的企业是有寿命周期的；二是企业安全系统是有边界的，表现为系统既要对外开放，又必须有一个相对封闭的边界，这个边界既是企业系统与环境的分界线，又是它与外界事物相互作用的纽带。

2. 企业安全系统的自组织特性

20 世纪 70 年代发展起来的自组织理论，在揭示事物自组织规律方面有了丰硕的成果。尽管在自组织的定义方式上有所不同，但其核心思想是一致的，如哈肯表述为"如果系统在获得空间的、时间的或功能的结构过程中，没有外界的特定干预，便说系统是自组织的"；而陈忠则根据组织的指令是内部产生还是来自外部，将系统的组织方式划分自组织和他组织。并且将自组织特性作为物质系统（包括思维系统）普遍存在的固有属性。

企业安全系统也具有自组织特性，企业在生产活动过程中，主动地采取瓦斯抽采降低风险措施，引进手指口述、行为军事化管理、职业健康安全管理体系和先进的安全管理理念等，都是自组织过程。但本书认为这些特征并不是其产生自组织的根本动力或作用力，而其在企业安全生产过程中的自组织源自这一系统中具有能动性的人的作用，具体表现在以下三个方面。

（1）人的生物性

尽管在人的行为中生物性并不总是占据主导地位，但它却是人的一个基本的、不可回避的问题（或者从自然属性说起）。而生物的根本在于生命的存在，生存是一切生物的基本追求。人的安全需要其本质上是对生命的保护，是生物保护机体能力的发展。或者说，安全是人类生存和发展的基本要求，一切生活、生产活动都源于生命的存在，如果失去生命，则失去了一切。因此，在生产活动过程中，规避风险、追求安全是人的客观需求。

（2）人的理性

理性是具有智能的个人或集体的一种行为方式，"理性"行为是在一定约束条件下，运用智能的结果。在煤矿生产活动过程中，意识到危险时，人利用自身掌握的知识和技能，规避风险或采取措施降低风险，都是理性选择的结果。当然，随着生产系统的复杂化，由于信息的不对称性和风险的潜隐性，人不能直观地意识到风险，如工作面瓦斯的不规则涌出、矿井压力的变化等。另外，违章作业也是一种理性选择（主要体现为有限理性）的结果，如存在侥幸心理或为了获得经济报酬不得不这样干等，矿工产生不安全行为的行为效价研究方面也说明了这一点。

（3）企业理性

在企业理性的相关研究中，主要是从效益最大化原则角度出发的。在生产经营活动过程中，当员工面临的安全风险过大时，企业可能面临罢工、形象损失、员工流失、招工困难等困境，相关的研究已证明了这一点。尤其 Minter（2014）的研究表明，做好安全生产有助于提高质量和生产效率。樊晶光（2021）的研究表明做好安全生产有助于市场份额的获取。当然，在企业面临困境时，也可能选择降低安全投入，如当前煤炭行业的部分煤炭企业在安全措施经费的提取方面有了一定程度的降低。因此，在理性选择情况下，企业会选择安全生产条件的改变。

3. 企业安全系统的他组织特性

他组织的概念是我国学者苗东升教授明确提出的，并于 1998 年出版的《系统科学精要》一书中形成理论体系。他从组织力是来自系统内部还是系统外部来界定是自组织还是他组织。企业具有他组织特性得到了许多学者的认可，魏道江（2014）从他组织存在的必要性出发，探讨了企业他组织和自组织的关系。

企业安全系统在运行过程中具有明显的他组织特性，而来自系统外部的安全生产压力则是他组织的具体体现。

（1）安全生产立法

法是由国家机关制定或认可具有普遍约束力的规范性文件，并由国家强制力保证其实施。安全生产法的立法目的是加强安全生产工作，防止和减少生产安全事故，保障人民群众生命和财产安全，促进经济社会持续健康发展，并规定了企业在生产经营活动过程中在安全方面应当承担的责任。我国在煤炭行业安全生产方面出台了一系列的安全生产法律法规，来规范和促进煤炭企业的安全生产，如《中华人民共和国煤炭法》《中华人民共和国矿山安全法》，《中华人民共和国刑法》也规定了重大责任事故罪、重大劳动安全事故罪等。大量研究表明，煤炭企业的安全生产监管不足或失效是导致煤炭行业事故频发的重要原因；也有部分学者从政府规制的角度探讨煤矿安全生产问题，并认为安全规制的加强能有效降低事故的发生率，促进企业实现安全生产。

（2）社会压力

随着生活水平的提高，人们对生产活动过程中的安全问题越来越关注，尤其近年来对煤炭行业安全生产的关注度较高。煤炭企业生产过程往往具有工作环境差、劳动强度大、危险因素多等特点，属于高危行业。在安全生产条件差或不注意改善安全生产条件的矿井，随着工人生活条件的改善和安全需求的提高，工人将逐渐退出劳动队伍，将使企业面临招工困难或无人可用的状况。当前，在现实中，正式工人不愿意下井、委外劳动队伍流动性大等现象与此不无关系。

以上这些因素都是促使企业安全生产条件改善的条件，使得企业安全系统的运行具有他组织的特性。

4. 企业安全系统的极限性

煤矿企业安全系统在其功能表现上具有极限性，即企业安全水平在危险状态上不存在 0 点，在增长特性上也不能无限增长，如图 4-6 所示。

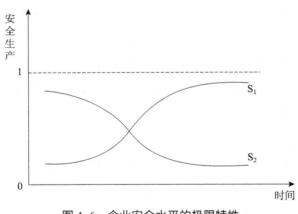

图 4-6　企业安全水平的极限特性

（1）任何企业在成立之初，其安全性 S>0。曲线 S_1 从纵轴 0 点以上的位置开始，表示企业在建立之初具有一定的安全性。

（2）任何企业无论如何努力，都不可能实现绝对的安全，即 $S \to 1$，但 $S \neq 1$。

（3）企业安全系统的功能即使出现退化，也是安全性 $S \to 0$，但 $S \neq 0$。曲线 S_2 则表示企业运行一段时间后受各种因素影响其安全功能的退化，即使发生事故，也只是表明发生事故的概率增大，不是代表安全生产水平为 0。

5. 企业安全系统的复杂适应特性

复杂适应系统（Complex Adaptive Systems，CAS）理论于 1994 年由 Holland 教授提出后，迅速引起系统科学界的关注，并被广泛应用于各种领域的复杂系统研究。该理论被盖尔曼誉为"21世纪科学中最激动人心的部分"。

在该理论中，围绕适应性主体这个核心概念，Holland（1959）教授提出了7个基本概念：聚集、标识、非线性、流、多样性、内部模型和积木，其中聚集、非线性、流、多样性是复杂适应系统的特性，而标识、内部模型和积木是主体和环境进行交流的机制。他认为，凡符合这个特征的系统都可以称为复杂适应系统。

企业安全系统中的人是具有能动性的主体，符合适应性主体的概念。接下来分析复杂适应系统的7个基本点在企业安全系统的体现，以确定其具有复杂适应特性。

（1）聚集

聚集，主要用于描述主体通过"黏合"作用进而形成较大的聚集体，或称介主体。具有两层含义，第一层含义是指简化复杂系统的一种标准方法，往往把相似的事物聚集成类，即"类"概念。第二层含义是在第一层含义的基础上定义的，强调的是较简单的或较低层次的主体通过相互作用聚集成为更高层次的主体（称为介主体），会涌现出复杂的大尺度行为。这样的聚集往复几次，就构成了典型的层次结构。事实上，第二层次的定义是所有CAS的基本特征。

在企业安全系统中，基于第一层次的定义，往往将与安全有关的制度归类为安全制度类，与安全技术有关的归类为安全技术类，与劳动保护用品有关的归类为劳保类等等。在第二层次的定义上，企业安全系统作为抽象系统，其适应性主体（企业中的成员）的聚集是通过企业系统内的各项任务聚集到一起的，如各个部门、班组的划分。

（2）标识

标识是使简单主体聚集成为具有高度适应性的聚集体的一种机制。在CAS中，标识是为了聚集而普遍存在的一个机制。标识是客观存在的，它的重要作用在于实现事物之间的相互识别、选择和交流。从本质上讲，标识是一种信息，它体现了该类事物的特征或属性。而设置良好的标识，则有助于主体的聚集、筛选，为系统的涌现打下基础。

在企业安全系统中，与安全相关的各类聚集体的产生，主要是由于与安全相关的各种标识的存在，如"岗位安全操作能手""安全模范岗""安全生产先进个人"等标识。当然，上文谈到的安全操作习惯、安全意识通过信息交流达到一致认可的程度，也是一种隐形的标识，即"这么操作就可以"等等，往复循环几次，可形成一种安全氛围。因此，在企业安全系统中，设置好安全标识是非常重要的。

（3）非线性

非线性是描述复杂系统的一个重要特征。企业安全系统首先是一个复杂系统，简单的应用上文中提到的安全投入和安全功能表现来看，两者之间具有非线性关系。在复杂适应系统中，非线性主要是用来描述主体和主体以及主体与环境之间的非线性。在企业安全系统中，其单个主体（组织成员）之间以及主体与环境之间的行为具有非线性特征。也正因如此，Holland（1959）教授在使用"适应性主体"概念时，认为这才是产生复杂性的根源。

（4）流

流，即流动，在复杂适应系统中，是指个体与个体及个体与环境之间可能存在的物质、能量与信息的流动。如果将复杂适应系统表示为一个网络结构，则主体可视为网络的节点，节点的连线为主体间的相互作用，连线的方向表示为流动的方向。在流动的过程中，Holland（1959）教授提到了流的乘数效应和再循环效应。在企业安全系统中，流可表示为安全生产信息的流动、安全资源的流动等。在乘数效应方面体现为正向或逆向的扩大效应，如安全功能实现的正向激励效应、某项重大安全技术研发成功的正向激励效应、事故灾害发生后"恐慌"心理的逆向效应等；再循环效应是指，信息、能量、资源的往返循环，使得资源得到最大利用。

（5）多样性

在复杂适应系统中，多样性首先是指构成系统的元素的多样性，其次是指个体与个体及个体与环境之间的相互作用产生的多样性。在企业安全系统中，构成要素和主体相互作用都满足多样性的特点。

（6）内部模型

内部模型是主体认识、预知某种事情的一种机制。在复杂适应系统中，每个主体都具备这种机制。Holland（1959）教授在介绍这种机制时，采用最简单的刺激——反应模型作为基础进行说明，即 IF/THEN 规则。

IF（一些条件为真）THEN（执行一些动作）。

模型认为，生活在特定环境中的主体可以不断从环境中接受刺激，并根据经验做出某种反应。反应的结果可能是成功的，也可能是失败的。CAS理论的独特之处在于主体可以接受反馈结果，并据之修正自己的"反应规则"。

在企业安全系统中，组织成员作为能动性的主体，能够根据作业环境的变化及时调整自身的行为并预知未来，如爆炸作业环境下由于气体达到规定限度而采取措施等。但在作业活动中，由于个体的知识水平、文化水平、阅历等因素的影响，使得在预知方面受限，或由于企业的各种规则使得预知受限，如员工缺乏安全培训或安全技能不足导致的违章操作、在违章指挥的情况下进行违章作业等。

（7）积木

积木机制是一种元素重新排列的组合。它不是简单的物理学积木，而是根据出现的新情况，就主体的相互作用重新组合，达到适应情况的目的。在企业安全系统中，如遇见较大难度或有危险作业的情况时，抽调有经验、有能力的人员组成攻关小组进行应对，强化安全检查时抽调各单位有经验人员形成检查小组等。

由以上分析可知，企业安全系统具有复杂适应系统特性。

四、企业安全系统总体特征

（1）借助企业系统的研究现状和特性分析，就企业安全系统的功能定位进行了分析，认为在研究分析企业安全生产问题时，不能脱离企业系统的经济性功能目标。

（2）在研究现状基础上，认为当前关于企业安全生产理论的研究主要集中在基于"事故"和基于"风险"方面的逆向研究和中间研究，而基于安全系统的研究较少，结合安全科学中安全系统的研究现状和企业系统的特性，提出了企业安全系统的概念，并给出了企业安全系统的概念模型。

（3）借助于系统科学和安全科学的发展，分析、归纳、总结和提炼了企业安全系统所具有的五个系统特性，即演化特性、自组织特性、他组织特性、极限特性、复杂适应特性，并进行了理论分析。

企业安全系统概念及特性的确定为安全系统思想从理论到实践、从抽象到具体应用搭建了桥梁，也为后续有针对性地开展煤矿企业安全系统的进化研究提供了理论基础。

第二节 煤矿企业安全系统及其进化总体分析

煤矿企业的安全生产一直受到社会各界的关注。当前对于煤矿企业安全生产的研究主要是基于"事故"的逆向研究或基于"风险"的中间研究，而基于"系统"的正向研究较少。从实现煤矿企业的安全生产目的来看，前两者较为被动，因此，开展基于"系统"的正向研究具有重要意义。本节在认识企业安全系统概念和特性基础上，以煤矿企业为例，认识煤矿企业安全系统的特性，在企业系统演化过程中，以进化的观点看待我国煤矿安全生产方面所取得的成绩，研究其进化的动力因素。

一、煤矿企业安全系统及其概念模型

1. 煤矿企业安全系统

企业的活动过程决定了其潜在危险构成因素的差异及其预防事故的难易程度。煤矿企业不同于一般的生产加工类企业，它具有鲜明的行业特色，主要体现在以下几个方面。

（1）煤矿企业是资源型企业，其产品是从自然界获取，具有不可再生性，企业发展受制于所拥有的资源丰富程度。

（2）煤矿开采活动绝大多数为井下作业，其作业空间有限且作业地点不固定，作业环境复杂多变，危险因素较多。

（3）煤矿企业的产品质量主要取决于成煤过程，与生产加工过程关联较小。且同质量煤炭其开采成本受煤炭贮存条件（深度、地质构造、煤层厚度、事故灾害可能性大小）影响，导致其开采成本差异较大。

（4）煤矿企业的科学技术不是主要体现在产品质量上，而是体现在安全生产、资源采出率、环境保护、提高劳动生产率等方面。

煤矿企业的行业特色及其活动过程，决定了其安全生产风险与井下作业环境

密切相关，可能产生的事故类型包括瓦斯事故、煤尘爆炸事故、火灾事故、水害事故、顶板事故、机电事故、运输提升事故、爆破事故及其他伤害事故、职业危害等。也因其事故的易发和频发被列入高危行业，进而成为安全生产领域关注和研究的重点。但无论是基于哪个视角（事故、风险或是安全系统）的研究，煤矿企业安全系统的功能目标是一致的。因此，根据企业安全系统的概念，可确定煤矿企业安全系统的构成要素、边界、功能及环境等。即，煤矿企业安全系统的构成要素包括企业所有员工、设备设施、工作环境等，边界为企业系统边界，功能是实现安全生产，环境主要是指外界环境，而其结构、信息交换和活动因煤矿企业的实体不同而不同。

进而可界定煤矿企业安全系统的概念为：它是煤矿企业在实现安全生产目的的过程中，与安全相关的一系列元素的集合体。

2. 煤矿企业安全系统的概念模型

基于煤矿企业安全系统的概念及企业安全系统的概念模型，以煤矿企业为依托，提出煤矿企业安全系统的概念模型，如图 4-7 所示。

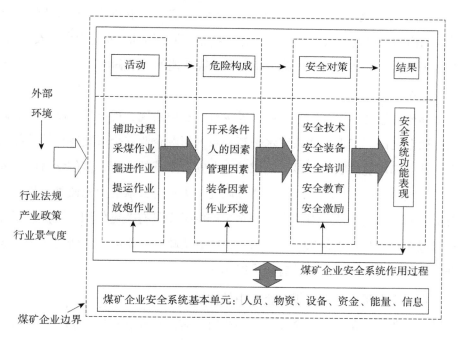

图 4-7　煤矿企业安全系统的概念模型

在该模型中依然将煤矿企业安全系统划分为3个部分：煤矿企业安全系统的基本单元（企业资源）、煤矿企业安全系统作用过程和外界环境。

（1）煤矿企业安全系统的基本单元

尽管企业安全系统是一个抽象的概念系统，但它具有客观存在性，表现为安全系统三要素的物质性。即：煤矿企业安全系统的构成要素也是企业系统的构成要素，更进一步说，煤矿企业系统的企业资源为企业安全系统的存在提供客观物质支撑。

（2）煤矿企业安全系统作用过程

煤矿企业安全系统也是各构成要素在其相互作用中体现出来的，基于此，将其划分为活动、危险构成、安全对策和结果4个部分。煤矿企业的活动包括了个体的行为、动作，煤矿企业的采煤、掘进、运输、通风、维修、地面辅助等多个环节、多个层次的相互作用。危险构成则是在活动过程中可能产生伤害或职业危害的各个因素，根据事故系统四因素理论，主要划分为人的因素（工人的安全技能、安全知识、安全意识等）、物的因素（设备缺陷、工具缺陷、物的不安全状态等）、环境因素（噪声、光照度、粉尘、瓦斯、水等职业危害或危险环境）、管理因素（安全管理职责不清、制度缺失、决策失误等）。安全对策则是针对可能的安全风险采取的措施，包括采取安全技术、安全装备、安全培训、安全教育、安全激励、管理方法等措施。结果则是煤矿企业安全系统功能的实现程度。

（3）外部环境

外部环境包含了安全生产政策、煤炭行业法律法规、行业景气度、经济运行状况、社会舆论、工人整体教育水平等一系列影响企业安全系统运行的外部因素集合。其外部环境的状况明显影响煤矿企业安全系统的运行，多位学者的研究支持了这一观点，如荆全忠（2013）通过研究认为社会公众的舆论监督对煤矿安全绩效具有显著作用，政府对于煤矿安全生产的推动具有关键作用，也探讨了经济利益对煤矿安全生产的影响；肖兴志（2014）从政府规制的角度研究了影响煤矿安全生产的政策因素，认为其有较大影响。

3. 企业安全系统特性在煤矿企业中的体现

煤矿企业安全系统具有企业安全系统所具有的特性，其特性的表现是具体的，现分述如下。

（1）煤矿企业安全系统的演化特性

由第二章的分析可知，煤矿企业安全系统所依附的煤矿企业系统是发展和演化的，具体表现为其客观依附的组织成员、技术系统、工作环境等都是发展的和演化的。在时间的箭头中，煤矿企业安全系统的各构成要素及其相互作用都不可能无后效性地恢复到原来的状态，在采煤工作面推进过程中，形成的人—机—环相互作用及其工作状态是不可能重现的，或者说事故一旦发生，它不可能恢复到未发生事故的状态，即体现为不可逆性。

煤矿企业安全系统的有限性是指其影响的范围在时间和空间上都是有限的。在时间上，主要指的是其寿命周期；在空间上，则受企业系统边界的影响。

（2）煤矿企业安全系统的自组织特性

煤矿企业安全系统的功能目标是实现安全生产，凡是来自系统内部的组织力就体现为自组织特性。煤矿企业安全系统的自组织特性可以由两个方面来看。

①事故发生后的自组织。当煤矿企业在生产活动过程中发生伤害事故后，为预防同类事故的再次发生，而采取的安全技术措施、安全管理对策等都是来自企业内部的自组织。当然，这种自组织现在被认为是事后型安全管理或传统的安全管理，是不被提倡的。如图4-8所示。

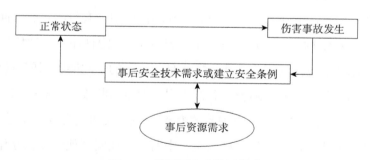

图4-8　事后型安全管理模式

②预防性的自组织。在煤矿企业安全系统中处于高层次的组织者根据企业系统活动中可能产生的伤害事故或职业危害，主动采取安全技术对策或安全管理措施预防事故的行为也是来自企业内部的自组织，如在瓦斯矿井采取的煤层瓦斯预抽措施、工作面防尘措施的煤层注水、为预防误操作发生的手指口述管理方法等。

（3）煤矿企业安全系统的他组织特性

煤矿企业安全系统的他组织特性也非常明显，主要是来自企业外部环境的影响。当前主要体现在基于事故责任追究的压力使得企业不得不关注企业的安全生产，提前采取预防措施来减少活动中的风险以避免可能产生的伤害事故或职业危害事故。一方面，来自社会舆论的压力，为使企业保持良好的社会形象及吸引力，必须保持或提升企业安全系统的功能表现以满足要求。

（4）煤矿企业安全系统的极限性

煤矿企业安全系统在极限性的表现上，遵循企业安全系统的一般规律，即在安全功能增长机制方面不是无限增长的，而是有一个增长极限，换句话说，不可能达到 100% 的安全；另一方面，即使表现在退化上，也不是无限退化的，只是事故发生概率明显增大。

（5）煤矿企业安全系统的复杂适应特性

煤矿企业安全系统作为有人参与的能动系统，明显具有多主体的特征，具有复杂适应特性，主要体现在以下几个方面。

①煤矿企业安全系统主体的主动适应性。以复杂适应系统理论为代表的第三代系统理论与以往系统理论最大的区别在于强调个体的主动性，承认个体有其自身的目标、取向，能够在与环境的交流和互动作用中，有目的、有方向地改变自己的行为方式和结构，达到适应环境的合理状态。《隐秩序——适应性造就复杂性》一书中阐述了主体的概念，认为主体是"活"的，它能够利用自己的知识主动地分析周围的环境，并且随着经验的积累，通过不断改变其规则来适应环境中的其他主体。由此，主体是一个抽象的概念，在形式和能力方面是千差万别的，并不一定是指人或生命体，只要满足系统中的个体在同其他个体相互作用时，能够随着时间的推移和信息的获取而对自身行为规则产生适应性的变化，即可称之为主体。

在我国煤炭行业安全生产的大环境下，煤矿企业安全系统具有主动调节其自身行为的能力以适应这种变化，它可以被称为一个主体。在系统内部，各个班组也具有这样的能力，也可称之为一个主体。因此，从煤矿企业安全系统的构成元素来看，凡是有人参与的各个系统，都可以形成适应性主体，而单纯地由物资、设备或环境构成的系统不具有主动性，如在煤矿事故影响因素中的水文地质条件、设备设施、工作环境等，无法构成主体。

②煤矿企业安全系统的多层次性。煤矿企业安全系统是一个有层次和结构的有机整体。首先，可以采用基于主体划分的方法从企业管理层次来看，划分为基层、管理层和决策层，各层次间通过信息传递、持续的主动性学习相互作用；其次，可以采用基于整体的层次划分方法划分各层次，强调系统所有构成元素的相互作用，如图 4-9 所示。

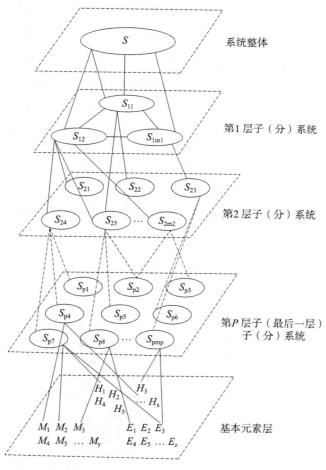

图 4-9　煤矿企业安全系统的多层次模型

③煤矿企业安全系统的开放性。任何企业系统都是开放的系统，其系统不停

地与周围的环境进行物质、能量和信息的交换。煤矿企业安全系统也不是孤立存在的，而是开放的系统。研究表明系统外的安全生产信息、社会经济环境的变化等对煤矿企业安全系统的运行具有较大影响，如安全生产的政策法规变化、行业的经济效益状况、员工生活水平的提高等。

④煤矿企业安全系统各子系统具有协同性。煤矿企业安全系统各主体之间具有相互作用、相互适应的特性，要达到其系统功能目标，必须要进行协同合作。从基于主体的职能划分来看，各主体通过不同的行为来完成一个共同的目标，如煤矿工作面工作环境的改善、井下设备的维护、劳动保护用品的发放等，都是由协同产生的。因此，协同也是煤矿企业安全系统的一个重要特征。

⑤煤矿企业安全系统主体的共同演化特性。煤矿企业安全系统中具有适应性的个体（员工，在 CAS 中称为主体）通过其与环境的相互作用，不断从所得到的正负反馈中加强它的存在，也给其延续带来了变化的机会，他可以通过适应改变自己的行为方式，这个过程就是个体（或称主体）的演化。各主体之间通过标识机制（企业系统中的职能划分等）产生更高层次的主体（介主体），而介主体的相互作用和聚集则形成更大的聚集体（介介主体），这个过程最终形成共同演化。

通过以上分析，这种多主体的煤矿企业安全系统各组成部分的相互作用机制如图 4-10 所示。

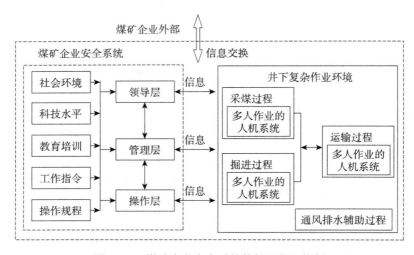

图 4-10　煤矿企业安全系统的相互作用机制

二、煤矿企业安全系统的动态演化过程分析

1. 系统的演化过程

系统科学理论认为，事物总是呈波浪式前进、螺旋式发展的。从总体来看，可以用如图 4-11 所示的波浪曲线来表示系统的起步、发展、衰老以及消亡过程。系统发展只是系统整个生命周期的中间阶段，也是值得重点关注的阶段，AB 段为起步阶段，BCDE 段为成长阶段，其中 C、D、E 代表系统发展过程中的多个稳态。

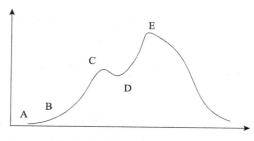

图 4-11　系统的生长曲线

2. 煤矿企业安全系统的动态演化过程

煤矿企业安全系统是以人为主体的智能系统，具有复杂适应系统特性。同时，由于其与企业系统的一体性，可借助企业系统的演化过程来表述，其动态演化过程如图 4-12 所示。即在煤矿企业生产过程中，系统主体通过感知环境的变化，对变化因素进行综合分析和理解，采取行动，从而导致系统的分岔、突变和涌现行为，在此过程中，如果采取了适应环境（包括系统内部环境和外部环境）的变化的行动，那么系统进入稳定状态，反之，系统解体。

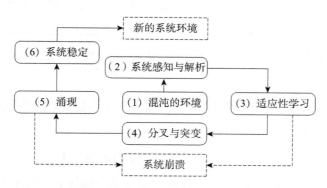

图 4-12　煤矿企业安全系统的螺旋式动态演化过程

（1）混沌的环境：煤矿企业安全系统是随着企业系统的产生而出现的，其各要素在安全生产方面的具体体现是动态变化的，如建设项目中安全投入的力度、生产技术水平、安全技术水平、安全监察力度、社会安全需求等。

（2）系统感知与解析：煤矿企业安全系统与外界环境不断进行能量、物质和信息的交换，由于系统中的主体具有高度的适应性，煤矿企业安全系统的主体需要不断地感知并解析环境变化，评估与利用自身现有条件，及时做出反应。例如，2002年《中华人民共和国安全生产法》开始实施以后，煤矿企业积极做出调整。

（3）适应性学习：煤矿企业安全系统的主体为了将来更好地适应环境的变化，需要积极学习先进经验并尝试改变自身。其最有效的做法是利用外部环境和自身现有资源，复制自身有效规则、模仿先进企业的成功经验，如引进先进技术和装备、先进管理理念和方法等。

（4）系统分叉与突变：经过适应性学习和初步的资源积累，系统的主体试图做出改变以适应环境。在此过程中，系统主体的每一个决策都会使得企业在其发展过程中出现分叉现象，其过程可能会出现连续的渐变，也可能出现突变。

（5）系统涌现：在这个阶段，系统已经积累了大量的资源、安全管理经验和规则。在生产活动过程中，企业通过调整其内部的惯例与规则，将会对其内部各要素的相互作用和结构产生重大影响，使系统各要素在结构和规模上都发生巨大的变化，涌现出新的特征，如调整安全投资力度，优化安全投资结构、安全管理提升等。

（6）系统经过上述一系列的反应与适应过程，逐渐达到稳定状态。但是企业系统所在环境不断变化、竞争不断加剧，使得煤矿企业安全系统有必要不断感知环境的变化，对变化因素进行综合解析，并采取行动，因此企业系统演化是螺旋上升的、循环的动态过程。

在企业系统演化的每个动态阶段，如果采用了不适应环境的规则与策略，将会导致系统的崩溃与瓦解。

对比图4-11与图4-12可知，图4-11中的BC成长段与图4-12中的（1）~（5）循环相对应，而C、D、E代表煤矿企业安全系统发展过程中的多个稳态。

三、煤矿企业安全系统的进化分析

煤矿企业安全系统的演化特性只是表明了运动变化的不可逆性，但并没有具体规定向哪个方向变化，即系统如同空间的某个质点一样，从某个状态出发，原则上可以向各个方向演化，而且在不同的方向和不同的路径上可以有不同的演化特征。在总体上，系统科学理论认为，系统演化的方向包括进化和退化两个方向。当然，无论是进化还是退化，都是针对某一具体的方向和路径而言的。在煤矿企业系统演化过程中，其安全系统的演化方向需要采用一定的指标来说明。

1. 煤矿企业安全系统进化的判定

任何系统都有其创建、发展、衰老和消亡的过程。煤矿企业在其投产之时，其安全系统的创建就已完成。在之后的生产经营活动过程中，安全系统向哪个方向发展是值得研究的，也直接关系到煤矿企业安全系统功能目标的实现。

判断某一煤矿企业安全系统是否进化，必须具备以下三个必要条件。

（1）确定起点。系统理论认为，任何系统的演化都不可能从绝对的无序状态开始，因此，起点是相对的。当我们关注系统演化的某个阶段时，就可以确定一个起点。而在研究或探讨某一煤矿企业的安全生产状况时，往往关注的也是在某一时期内，而不是从系统创建之时开始，其安全生产状况的变化。

（2）科学合理的标度。标度，通常称为指标。煤矿企业安全系统在其效能上往往采用描述人员伤亡或财产损失的指标，如我国于 2007 年 6 月 1 日起实施的《生产安全事故报告和调查处理条例》第三条中的事故分级规定。在宏观上，我国自 2006 年后，安全生产领域统计伤亡事故时增加了"亿元 GDP 生产事故死亡率"这一指标，使得统计指标与国际接轨。当然，也有研究指出需增加更多非致死性事故统计指标使得统计数据更加合理，如采用"事故总量 = 死亡人数 + 重、轻伤人数 + 职业病患病人数"指标。在具体的煤炭企业方面，一般情况下，国内对某煤矿企业安全生产状况判定是否好转采用的指标有百万吨死亡率、事故起数、死亡人数、千人重伤率等，国外采用了百万工时死亡率，百万吨死亡率等。

（3）正确的测量方法。煤矿企业安全系统的演化过程较为复杂，其演化的评价指标往往是采用多指标测量。当前，可用于多指标测量的方法有多种，如 BP 神经网络方法、层次分析法、模糊综合评价法、结构方程模型方法、主成分分析法、数据包络分析方法等，这些方法各有优缺点，其评价适用对象也不尽相同，因此，正确地使用评价方法对于判断系统的演化情况是必须的。

煤矿企业安全系统的主要效能是实现安全生产，因此，可从衡量安全生产结果的效能指标来反映安全系统发展的方向。当前，在煤炭行业总体上反映安全系统效能的主要指标是死亡人数、百万吨死亡率。自 1949 年新中国成立以来，我国煤炭工业年度死亡人数和百万吨死亡率变化如图 4-13、图 4-14 所示。

由图 4-13、图 4-14 中年度死亡人数和百万吨死亡率两个指标的变化情况，可以得出我国煤矿企业安全系统在煤矿企业系统演化过程中表现出来的特征：1965 年至 1976 年表现出退化，2001 年至今表现出进化，其他时期因两个指标具有不一致性，表现出波动性。而本书关注的重点则是 2001 年至今的这一段时期煤矿企业安全系统的演化过程，即进化特征。

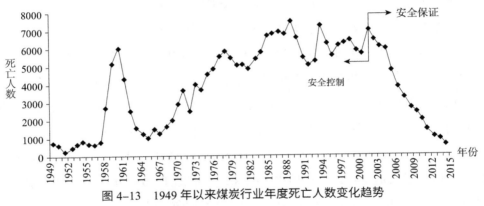

图 4-13　1949 年以来煤炭行业年度死亡人数变化趋势

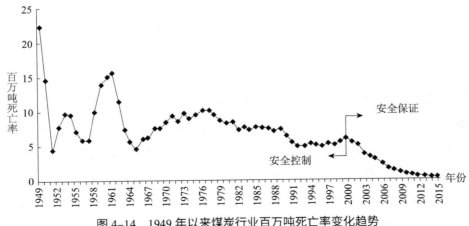

图 4-14　1949 年以来煤炭行业百万吨死亡率变化趋势

2.我国煤矿企业安全系统进化的阶段划分

由图 4-13、图 4-14 中可以看出，我国自 1949 年以来，煤矿安全生产状况经历了较大的波动，而对我国煤矿企业的安全生产状况处于何种阶段，需要有清晰的认识。根据工业发达国家安全生产的发展历程，不同的学者有不同的阶段划分方式，并给出了各个阶段的特征。

2015 年，Susana 等结合质量管理变革的三个阶段提出安全管理变革的三个阶段：安全控制阶段、安全保证阶段、全面安全管理阶段，并描述了各个阶段所具有的特征。在安全控制阶段的安全生产目标是减少伤害，且主要是通过不安全行为的消除和工作条件的改善达到的，并将该阶段具体划分为事后控制、事间控制和预先控制。在安全保证阶段，企业应主动采取系统化的管理方法来预防职业风险并且达到要求，事故具有明显的下降趋势。在全面安全管理阶段，安全生产的动力来自员工的安全需求而不是外部环境，安全贯穿于企业的每一个活动，并且企业具有坚实的安全文化基础，事故次数和死亡人数较低且轻微波动。根据Susana 的三阶段划分方法及其对西班牙安全生产状况的判断，认为当其连续好转时可认定为处于安全保证阶段。由此，自 2002 年起，我国煤矿安全生产形势处于连续好转的状况，处于安全保证阶段。至今，仍未达到全面安全管理阶段。

2019 年，刘铁民研究员结合发达国家的发展历程将安全生产阶段划分为自然本能期、法制监督期、自我管理时期和团队文化时期，如图 4-15 所示。

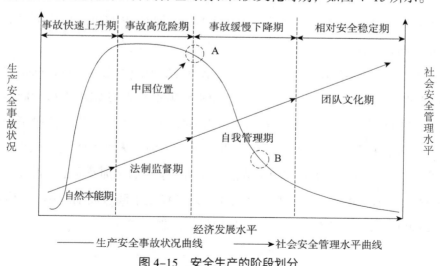

图 4-15　安全生产的阶段划分

在自然本能期，企业的安全管理是一种被动的反应，处于混乱状态；在法制监管期，国家颁布和实施了严格的法规，企业的安全生产管理依赖于政府强制，依据法律条文要求管理安全生产；在自我管理时期，企业已认识到安全对企业长远发展的作用和应负的社会责任，依靠自我约束，实施自我管理；在团队文化时期，企业员工劳动安全健康作为企业最高价值观，安全是社会和所有人崇尚的道德品质。根据刘铁民（2022）研究员的划分依据，从政府角度看，我国自 2002 年起相继颁布和修订了与安全生产相关的多部法律及制定和修订了安全生产标准 500 多项，确立了"企业负责、职工参与、政府监管、行业自律、社会监督"的管理体制；从企业角度看，大部分企业认识到了应该承担的社会责任，主动采取了系统的安全管理方法，如职业健康安全管理体系、预先风险管控体系等预防事故的发生。由此可认为，我国企业安全生产的阶段正处于法制监管到自我管理的转变期，即已从 2002 年刘铁民所判定的 A 点移动至 B 点。

也有部分专家、学者通过研究发现安全生产与 GDP 变化率呈正相关关系，并依据人均 GDP 来划分安全生产的阶段。刘铁民（2016）将其划分为由农业社会开始进入工业社会的工伤事故死亡人数上升期，在工业化早期的高风险波动期（事故易发期），进入工业现代化后的事故风险平缓下降期和后工业化时代的安全保障期 4 个阶段；李毅中（2014）根据工业化的进程将其划分为工业化初级阶段的事故多发期、工业化中级阶段的事故高潮期、工业化高级阶段的事故下降期和后工业化时代的稳定期 4 个阶段，并以日本的人均 GDP 与事故趋势说明了这一阶段划分的合理性。

一般认为，人均 GDP 3000 美元是国家经济发展的重大转折点，依据我国人均 GDP 的变化趋势，如图 4-16 所示，我国于 2008 年人均 GDP 突破 3000 美元，结合人均 GDP 与安全生产关系的判断，当前我国企业的安全生产阶段正处于工业化高级阶段的事故下降期。当然，也有学者认为当人均 GDP 达到 5000 美元时，高速的经济发展也很难避免工业事故和伤亡事故的增加及大范围波动，而人均 GDP 达到 10000 美元时，工伤事故才能达到稳定下降且波动较小；人均 GDP 达到 20000 美元时，工伤事故可以得到较好的控制。

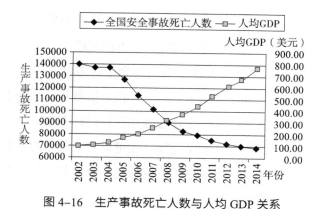

图 4-16 生产事故死亡人数与人均 GDP 关系

从 GDP 宏观上来看，由以上分析可知，当前我国煤矿企业的安全生产状况处于安全保证阶段，或称为处于法制监管到自我管理的转变期。

四、煤矿企业安全系统进化的动力分析

1.煤矿企业安全系统进化的动力因素分析

煤矿企业安全系统进化的动力因素是指推动煤矿企业安全系统向安全生产功能更好实现的力量因素，并且是通过影响主体判断并促进其安全行为改变进而影响煤矿企业安全系统功能进化的因素。

进入 21 世纪以来，我国煤矿企业安全系统表现出进化的特征，是哪些因素促使煤矿企业安全系统进化，借助这一时期表现出的特征和相关研究从企业需求、员工安全需求、安全生产法律法规完备、政府监管和社会舆论 5 个方面进行分析。

（1）企业需求

经济学理论的相关研究表明企业存在的根本目的是获取利润。在不同的工业发展阶段，企业获取利润的方式有所不同，也由此导致对待安全态度不相同。结合安全生产发展的阶段，在企业安全生产的自然本能期，出于降低成本的考虑，对于安全的态度主要是出于对生产设备、原料、产品等生产资料的保护需要；而在企业安全生产的事故高风险期，由于事故的频发，事故总量和重特大事故频发，遭到劳动者的强烈反抗和社会舆论的巨大压力，尤其是在矿山、机械制造等风险

较高的行业，迫使企业和政府不得不重视安全，在这个时期，企业安全生产水平的提升主要依赖于政府严格的法律法规等政策干预手段。

对比进入 21 世纪以来的煤矿企业对待安全生产态度的转变，煤矿企业在政府严厉监管、安全生产法律法规越来越完备、社会监督和员工需求日益提高的情况下越来越重视安全。当前，部分企业已经意识到促进企业安全生产水平提高不仅可以避免事故损失、满足员工安全需要，还可以带来更好的社会效益，如获得"全国安全文化建设示范企业""安全生产标准化一级矿井"等，为企业树立了良好的社会形象，创造了较好的社会效益。

（2）员工安全需求

随着经济生活水平的提高，员工的安全需求会增加，马斯洛的需要层次理论已经说明了这一点。在这一时期，企业职工生活水平的提高和内在对职业安全的需要，是使其拒绝在高风险环境下作业的主要原因，使得企业必须重视生产过程中的安全问题。通过图 4-16 可以看出，我国人均 GDP 与生产事故死亡人数的关系。由此可以说，企业提升安全生产水平既是出于免受事故损失的需要，也是满足员工安全需求的需要，还从另一个方面说明了员工安全需求对于企业安全生产水平的提升具有重要推动作用，煤矿企业也不例外。

（3）安全生产法律法规完备

安全生产法律法规的完备程度对于煤矿企业实现安全生产具有重要作用，在现阶段，尤其是安全生产事故责任的追究制度发挥着重要作用。2015 年，任智刚等在宏观层面上通过安全生产政策对企业安全生产影响的调查研究，得出了不同安全生产政策的影响程度（表 4-1）和安全生产政策干预与工伤死亡事故的关系，展示了自 1978 年以来政策干预与工伤事故的变化关系，尤其是 2000 年至 2006 年，随着政策干预的加强，安全生产事故起数快速下降（政策有滞后效应，约 2 年）。可见安全生产政策对于企业安全系统的进化具有直接作用。尤其是近年来，随着生产事故责任追究有法可依且越来越严，煤炭行业安全生产政策干预明显增强，如《煤矿矿长保护矿工生命安全七条规定》、2021 年新版《中华人民共和国安全生产法》出台和实施等，对煤矿企业安全生产系统的进化起着明显作用。

表4-1 安全生产政策影响度赋值表

影响度排序	内容	平均分值	95%置信区间
1	法律	8.8	[8.5，9.2]
2	国务院行政法规	8.0	[7.6，8.3]
3	国务院文件	7.5	[7.0，7.9]
4	党和国家领导人讲话	7.1	[6.6，7.8]
5	对重大事故责任人的处理	6.5	[6.0，7.0]
6	部委规章	6.3	[5.9，6.8]
7	安全生产专项整治或治理	6.3	[5.7，6.9]
8	部委文件	5.9	[5.5，6.4]
9	主管机构的变动	5.7	[5.0，6.3]
10	安全生产大检查或督查	5.0	[4.5，5.6]
11	重要安全生产工作会议	4.5	[3.9，5.1]

（4）政府监管

煤炭工业发达国家的历史表明，在事故高发期的安全生产阶段，政府监管对于安全生产期有明显促进作用。荆全忠在《中国煤矿安全生产动力机制》一书中采用基于主体（中央政府、地方政府、煤矿企业、职工群体、社会公众）的建模方法来研究煤矿安全生产的动力机制，通过调查研究得出社会舆论、政府监管两个因素对煤矿安全生产起着重要作用，其中社会舆论对煤矿安全的总效果达到0.71，是几个主体中影响最大的。由此可以看出，社会舆论和政府监管是煤矿企业安全系统进化的重要因素。

上级单位对安全生产管理的要求在安全生产政策干预加强环境下也在加强，出台了较为严厉的行政和经济处罚政策，如某矿业集团公司出台的"下属煤矿企业如超能力生产，将进行问责""一旦出现1人死亡事故，煤矿企业党政领导就地免职并进行事故责任追究"等，改变了以往"生产第一、安全第二"的运作模式。

（5）社会舆论

舆论是指社会大众对于现实社会中各种事件、现象、问题所表达的信念、态度、意见和情绪等的总和，是民意的一种综合反映。随着社会进步、生活水平的提高，人们对安全问题越来越关注，在工业生产领域，煤炭行业成为关注的焦点，尤其是随着安全生产法的颁布及鼓励网络、新闻等媒体强势关注，社会舆论对于煤矿安全生产起到了较大的推动作用。

2. 煤矿企业安全系统进化的动力结构及其作用机制

根据对企业需求、员工安全需求、安全生产法律法规完备、政府监管和社会舆论 5 个因素分析，得出这 5 个因素相互影响，提出了如图 4-17 所示的煤矿企业安全系统进化的动力结构。

模型中，安全生产法律法规完备、政府监管、社会舆论、企业需求和员工安全需求 5 个动力因素相互影响，如安全生产法律法规（含安全技术标准）的制定必须考虑现有的社会经济基础、企业的经济技术条件、员工的职业安全健康需求、社会的安全风险可接受水平、政府的相关职能等。

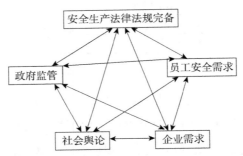

图 4-17　煤矿企业安全系统进化的动力结构

结合图 4-15 的 4 个发展阶段，各动力因素在煤矿企业安全系统进化的各个阶段发挥着不同的作用，如图 4-18 所示。在自然本能期，系统进化主要是指以企业经济利益为驱动力的进化，体现为以提升劳动生产率为目标的生产资料进化，在 2000 年至 2005 年，我国部分煤矿的安全生产在此阶段有所体现，更可怕的是，个别煤矿为了抢生产，连技术、装备都来不及更新。

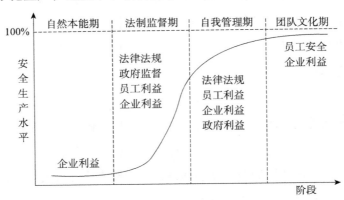

图 4-18　系统进化各阶段起主要作用的动力因素

在法制监督时期，煤矿企业安全生产面临员工安全需求、安全生产法律法规、政府监管、社会舆论等多方压力，从而不得不修正自己的企业安全生产策略，提升工程质量、装备水平、劳动保护水平、加大安全培训力度等，煤矿企业安全系统得到进一步的进化。2005年至2020年，大部分的煤矿在装备、技术的升级等方面有了较大提升，煤矿企业的安全生产有了更高水平的保障。

在自我管理时期，部分企业已经转变了安全生产理念，变"要我安全"为"我要安全"，从预防事故，提升安全生产水平的活动中受益，包括市场占有率、社会效益、政治效益等，煤矿企业安全系统获得更进一步的进化。但在这一阶段事故发生频率虽有降低，但依然不断出现。

在团队文化时期，煤矿企业安全生产水平达到稳定，安全系统进化的动力因素中安全生产法律法规、政府监管的效用将降低，员工安全需要效用获得扩大，煤矿企业安全系统的进化是内生性的。

五、煤矿企业安全系统进化的动力结构模型验证

1. 概念模型建立

结构方程模型常用来研究各影响因素之间的内在联系。结构模型的概念化主要是界定潜在变量间的假设关系，以形成可以统计检验的理论架构。本书主要研究员工安全需求、企业需求、政府监管、安全生产法律法规、社会舆论、系统进化6个潜在变量间的关系。为了对理论模型进行验证，提出以下假设。

H1：员工安全需求对企业需求产生显著正向影响；

H2：社会舆论对企业需求产生显著正向影响；

H3：安全生产法律法规完备对企业需求产生显著正向影响；

H4：员工安全需求对政府监管产生显著正向影响；

H5：社会舆论对政府监管产生显著正向影响；

H6：安全生产法律法规对政府监管产生显著正向影响；

H7：企业需求对系统进化产生显著正向影响；

H8：政府监管对系统进化产生显著正向影响；

H9：员工安全需求与社会舆论之间显著相关；

H10：员工安全需求与安全生产法律法规之间显著相关；

H11：社会舆论与安全生产法律法规之间显著相关。

根据结构方程模型原理，建立初始假设模型，如图 4-19 所示。

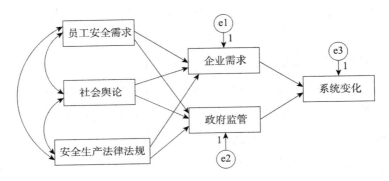

图 4-19　煤矿企业安全系统进化的动力因素结构方程概念模型

本章选用调查问卷作为测量潜在变量的工具。由于当前没有可供该研究所用的成熟量表，根据量表的编制原则及煤矿企业安全生产形势变化的实际情况和前述对于 5 个因素的分析，选用李克特 5 级量表编制法，自行编制企业安全系统进化影响因素量表，包括员工安全需求、企业需求、企业安全系统进化等 6 个独立分量表。选择部分大型国有煤矿的基层和中层管理者作为调查对象，共发放 200 份问卷，收回 195 份，去掉其中漏选、多选、矛盾的问卷，有效问卷共计 187 份，有效率为 93.5%。为确保量表的稳定性对样本数据进行信度分析，选用 Cronbach's Alpha 系数作为判别指标。运用统计软件 SPSS 计算得到各分量表及总量表的信度系数均在 0.8 以上，表示量表的信度很好，具有很好的稳定性。

2. 模型验证及分析

运用 AMOS 软件，得到初始模型验证结果，详见表 4-2。

表 4-2　初始模型验证结果

一级指标	影响方向	二级指标	Estimate	S.E.	C.R.	P	Label
政府监管均值	←	社会舆论均值	0.398	0.104	3.827	***	par_4
政府监管均值	←	安全生产法律法规均值	0.469	0.116	4.032	***	par_5
政府监管均值	←	员工安全需求均值	0.070	0.067	1.058	0.290	par_12

一级指标	影响方向	二级指标	Estimate	S.E.	C.R.	P	Label
企业需求均值	←	员工安全需求均值	0.630	0.080	7.872	***	par_7
企业需求均值	←	政府监管均值	0.171	0.170	1.008	0.313	par_9
企业需求均值	←	安全生产法律法规均值	−0.084	0.160	0.527	0.598	par_10
企业需求均值	←	社会舆论均值	0.082	0.141	0.585	0.559	par_ll
系统安全均值	←	政府监管均值	0.914	0.067	13.578	***	par_6
系统安全均值	←	企业需求均值	0.121	0.068	2.783	0.015	par_8

注：①临界值（Critical Ratio，C.R.）大于1.96时，P小于0.05；②→代表因果关系，*代表相关关系。

由表4-2可知，假设因果关系路径图中，有4个路径参数的C.R.绝对值小于1.96参考值，显著性水平P值均大于0.1，表明以上H2—H4假设不成立；其他路径参数均通过了显著性水平检验。修正后的假设模型如图4-20所示。

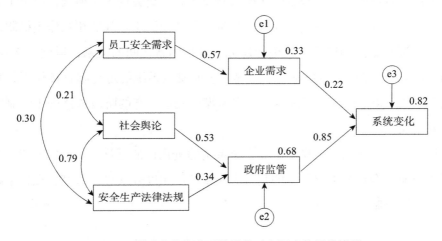

图4-20　煤矿企业安全系统进化动力因素的最终模型

由图4-20可以看出，对煤矿企业安全系统进化产生间接影响的3个因素分别是：员工安全需求、社会舆论、安全生产法律法规，这些因素对系统进化的影响是通过企业需求和政府监管2个因素来传递。直接影响的2个因素分别是企业需求、政府监管，路径系数分别为0.22和0.85，这些均表明了当前煤矿安全生产的阶段依然处于法制监管下的安全保证阶段。

六、煤矿企业安全系统总体特征

（1）在企业安全系统概念基础上，结合煤矿企业生产特点，界定了煤矿企业安全系统的概念，以煤炭行业为载体，将煤矿企业安全系统的概念模型具体化，分析了企业安全系统几个特性在煤矿企业安全系统中的体现。

（2）结合系统的动态演化过程和复杂适应系统特性，分析了煤矿企业安全系统的螺旋式动态演化过程。

（3）通过对进入 21 世纪后的煤矿企业系统演化过程的分析，结合百万吨死亡率和死亡人数指标，认为煤矿企业安全系统在这一时期的演化特征表现为进化；并结合多位学者对安全生产阶段的判定条件，认为当前我国煤矿安全生产所处的阶段为法制监管下的安全保证阶段。

（4）通过分析认为我国煤矿企业安全系统进化的动力因素为企业需求、员工安全需求、政府监管、安全生产法律法规完备和社会舆论 5 个因素，提出了煤矿企业安全系统进化的动力结构模型，分析了各动力因素之间的相互作用机制，并应用问卷调查方法和结构方程模型研究了 5 个因素之间的关系，得到在 2001 年至 2020 年，政府监管和企业需求对煤矿企业安全系统的进化起直接作用，相关系数分别为 0.85、0.22，间接表明了当前煤矿安全生产的阶段依然处于法制监管下的安全保证阶段。

从安全的功能来说，煤矿企业安全系统的进化特征更符合人们的期望。本节对煤矿企业安全系统进化特征的判定为从系统的角度开展进化研究，探讨系统内的相互作用机制奠定了基础。

第三节 基于事故系统观的煤矿企业安全系统进化方式

上一小节的研究表明自进入 21 世纪至今的一段时期内，我国煤矿企业安全系统在演化过程中表现出来的总体特征是进化。但哪些因素的变化使得其总体进化是值得研究的，掌握这些内容也是进一步研究系统内部相互作用机制的基础。本章借助事故系统观的原因分析，从导致事故的影响因素角度观察这些因素的变化。

安全科学理论认为，导致事故的 4 大因素为人的因素、物的因素、系统性因素和社会性因素。事故致因理论中的综合理论认为导致事故的 4 大因素为人的不安全行为、物的不安全状况、管理不善和社会性因素。由此，本节从煤矿企业安全系统的物质条件、人员安全素质、系统管理和社会因素 4 个方面分析其变化。

一、煤矿企业安全系统的物质条件进化分析

1. 煤矿企业装备设施水平

我国 95% 以上煤矿为井工开采矿井，其安全开采条件较为复杂，自然灾害较为严重。在煤炭开采过程中，装备设施的安全性、先进性及其所反映的开采技术先进性与煤矿的安全生产水平密切相关。2005 年应急管理部对 45 家国有重点煤炭企业进行专家会诊后，发现国有煤矿在装备设施方面历史欠账严重。2000—2008 年 300 起煤矿典型事故统计，得出因装备设施原因导致的事故占总量的11%。装备设施水平一方面应针对不同的自然开采条件采用不同的配备，另一方面在很大程度上受到科技发展水平的制约。受煤矿生产的特点决定，装备设施不仅仅包括采掘设备，还包括机电设备、提升运输设备、通风设备、排水设备、支护设备等多个方面。在装备设施水平这一指标上，则应反映机械化程度、设备设施安全性两个方面。

采煤机械化对煤矿安全水平的影响仅次于原煤产量，而综合机械化程度对于安全生产的影响大于原煤产量的结论，大幅度提升综合机械化程度对于提升煤矿安全水平作用明显。2014 年，Sari 通过对机械化程度不同的两座煤矿的安全生产状况进行研究，得出机械化程度与安全生产水平成正比关系。1981—2018 年国有重点煤矿采煤机械化程度与百万吨死亡率的关系，如图 4-21 所示。

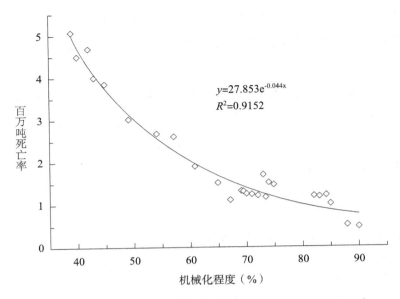

图 4-21 国有重点煤矿采煤机械化程度与百万吨死亡率的关系

统计表明：2004 年我国煤矿机械化程度平均为 42%，其中国有重点煤矿采煤机械化为 81.5%，掘进综合机械化为 15.03%；至 2009 年底，全国采煤机械化程度平均为 60%，代表煤炭工业先进生产力方向的大中型煤矿采煤机械化程度由 1978 年的 32.52% 提高到 2009 年的 93%；至 2015 年底，全国煤矿采煤机械化程度达到 75% 以上，其中，大型煤矿达到 95% 以上；30 万吨以上中型煤矿达到 70% 以上；30 万吨以下小煤矿达到 55% 以上。根据图 4-21 所示，在初期，煤矿机械化程度的提高对保障煤矿安全生产，对煤矿企业安全系统的进化起着重要支撑作用，但在机械化达到一定程度后，主要体现在生产效率方面，而其对生产安全的促进作用明显减缓。

随着煤炭工业的快速发展及安全生产的需要，煤矿设备设施本身安全性能取得了很大进步。例如，在设备设施性能方面，国家矿山安全监察局陆续于 2006 年安监总煤装（2006）146 号、2008 年安监总煤装（2008）49 号、2011 年安监总煤装（2011）17 号发布了《禁止井工煤矿使用的设备及工艺目录》；在设备设施升级改造方面，如斜井辅助运输方式方面，部分矿井由斜井串车提升运输升级为齿轨车运输、小型矿井的人力推车升级为轨道运输、皮带运输等，其安全性能有较大幅度提升。

2. 煤矿井下作业环境

煤矿井下影响安全生产的环境因素主要包括粉尘、照明环境、作业空间、有害气体、噪声等。研究表明，工作场所粉尘、噪声、温度、湿度等因素不仅对煤矿工人的职业危害较大，而且还对煤矿工人的心理造成较大压力，以至于影响安全生产。通过对 590 名经常接触噪声的煤矿工人健康状况调查发现，32.54% 煤矿工人听力明显损伤，20.85% 的患心血管系统疾病。通过调查研究了这几个因素对矿工生理尤其是心理的影响（曹渝，2015）；通过调查研究了工作环境压力（主要包括阴暗、狭窄、高温、高湿等物理环境和水、火、瓦斯、粉尘等工作危险环境）与安全生产的关系，认为工作危险压力源对煤矿工人反生产行为和受伤次数都有显著的正向影响（李芳薇，2016）。而粉尘控制技术、噪声、温度、湿度、有害气体监测及治理技术随装备技术和安全技术的发展有了进一步的提升。在照明环境方面，从大巷到工作面，当前 90% 的矿井已实施明亮化工程，极大改善了井下照明环境，为实现安全生产消除了潜在危险。明亮化工程对安全生产的贡献具体表现在不同照明条件下的视野范围，如图 4–22 所示。

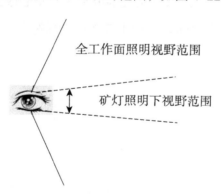

图 4–22　不同照明条件下的视野范围

以多人协作、空间受限的掘进工作面为例，矿灯照明条件下，工人视野范围受限，且随工人动作影响，视觉频繁遭受明、暗适应的影响，不利于工人观察周边作业环境及与其他作业人员协作等；而在全工作面照明条件下，工人视野范围加大，能及时观察周边作业环境及其他人员的作业状况。显然，作业空间照明环境的改善有助于消除潜在作业危险。

在作业空间方面，作业现场的"5S"定置管理方法及煤矿安全生产标准化方法的引进使得作业空间较为整洁，为进一步实现安全生产提供了良好条件。

二、煤矿企业安全系统的人员安全素质进化分析

安全素质是安全意识、安全知识、安全技能等的集合体。煤矿工人的安全素质水平受文化程度、从业年限、生理因素、心理因素、技能水平等影响。由事故致因理论及大量事故调查分析可知，矿工不安全行为所导致的事故占事故总量的90%左右，分析其产生不安全行为的主要原因是安全素质水平不高。一般来说，文化程度高、生理和心理素质好、从业年限长的员工安全意识较强，安全知识和技能的掌握相对牢固，因此这种影响关系一般表现为正作用力。煤矿工人的文化程度与安全生产具有明显相关关系，研究发现初中及以下文化程度在事故隐患的警惕性、敏感性方面较文化程度在高中及以上人员差；2005 年国家安监总局研究中心通过对 2004 年国有重点煤矿采掘工人的文化程度与百万吨死亡率的研究表明，采掘工人文化程度较高的矿井其百万吨死亡率较低，如图 4-23 所示；文化程度对安全感有着重要的影响，文化程度高的工人的安全感明显高于文化程度低的工人；员工的文化程度与以事故率和死亡率反映的煤矿安全生产状况存在显著的相关关系。

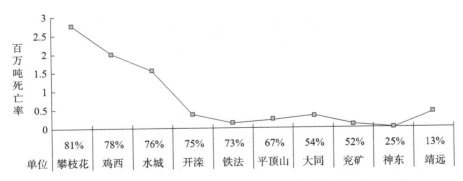

图 4-23　初中及以下文化程度占比与百万吨死亡率的关系（2004 年）

随着全国劳动人口受教育程度的提升，煤矿工人的文化程度也有较大改善。2004 年国有重点煤矿井下工人初中及以下文化程度占70%，高中27.9%，大专及以上占2.1%；2015 年从选择的 3 家国有重点煤矿和 1 家国有地方矿井统计来看，初中及以下文化程度占61.3%，高中30.9%，大专及以上占7.8%。就具体煤

炭企业来看，由图 4-23 可知，2004 年开滦集团采掘工人初中及以下文化程度占 75%，而 2015 年采掘工人 6421 人，初中及以下文化程度占 38.5%，高中文化程度占 53.5%，大专及以上占 8%。由此可见，进入 21 世纪以来，随着煤炭工业的快速发展，煤矿工人的文化程度也在大幅度提升，尤其是最近各重点煤矿出现的大学生采煤队等，依据图 4-23 所展示的文化程度与安全生产关系，煤矿工人文化程度的提升为煤矿实现安全生产奠定了坚实的基础。但依据表 4-3 所示国外煤矿工人文化程度，我国在结构上仍然有较大改善的空间。

表 4-3　煤矿工人文化程度对比

国家	学历分布（%）		
	初中及以下	高中	大专及以上
美国	4.3	54.1	41.6
加拿大	7	61	32
南非	6	53	41

2009 年出台了《关于加强煤矿班组安全生产建设的指导意见》（总工发〔2009〕15 号），强调基础安全管理的重要性，加强班组建设。在此指导下，各省出台了相关文件，如山东省煤炭工业局于 2010 年发布了《山东省煤矿班组长任职资格管理规定》，要求在 3 ~ 5 年内，省属重点煤矿班组长达到中专或中专以上文化程度；山西省煤炭工业厅于 2013 年发布《山西省煤矿用工管理规定》（晋煤劳发〔2013〕138 号文），规定了各工种人员学历和技能，全面提升煤矿工人文化程度，如班组长任职必须具有中专以上学历。这些政策的出台对于提升煤矿企业员工的文化程度具有重要作用。

三、煤矿企业安全系统的系统性因素进化分析

1. 煤矿企业安全科技水平

在煤矿生产现代化进程中，科学技术因素已成为保障煤矿安全生产的重要因素。煤矿在开采过程中，工作场所移动频繁，环境复杂多变，危险因素众多，因此，在实现安全生产的过程中，安全科技发挥着重要作用。在统计的 300 例事故

中，与安全科技水平落后有关的事故占 26%。

安全科技水平包括煤矿企业的安全科技应用水平和安全科技发展水平两个方面。在安全科技应用水平方面，主要是指煤矿企业及时采用新技术、新方法降低危险程度、预防事故发生或采取措施降低事故严重程度、减少事故损失。如瓦斯电闭锁装置的应用可避免在瓦斯浓度超标情况下持续作业引发事故。再如各种矿井瓦斯预抽技术、煤与瓦斯突出预警技术、煤矿井下防灭火技术、顶板压力观测、地板水封堵技术、粉尘控制技术、安全监测监控技术以及煤矿井下安全避险"六大系统"的应用，均实现了降低事故发生概率及减少事故损失的目的。

安全科技应用水平与煤矿安全生产直接相关。当前，因不使用或不恰当使用先进的安全科学技术导致的事故案例较为常见，如在工作面监测到瓦斯浓度超限但未及时处理而导致瓦斯爆炸事故的大平煤矿"10·20"事故；在未实施湿式打眼作业致使煤尘超标情况下，爆破未使用水泡泥导致的煤尘爆炸事故等。

安全科技发展的水平也制约着煤矿企业的安全投资及重大灾害和隐患治理，如在分析一起煤与瓦斯突出事故时认为：事故的发生是因为对于煤与瓦斯突出机理的认识尚不到位导致了事故发生。在当前煤矿安全科技领域中，渗透系数较低煤层的瓦斯抽采、井下风流中粉尘浓度治理难以达标的问题等都有待进一步研究。

2. 煤矿企业安全管理水平

煤矿企业安全系统的信息交流和运行通过安全管理手段进行协调，安全管理水平则反映了煤矿企业安全系统的效能情况。当前，煤矿事故统计及分析表明，绝大部分事故是由于安全管理不到位导致的。自 2000 年以来，随着煤炭行业的快速发展，国内关注煤矿安全生产的各界学者及现场管理人员，在提升煤矿安全水平、有效避免事故发生的理念引导下，进行了较多的研究，涵盖了从引进到创新、从理论研究到应用、从抽象性思维到方法实施等多方面、全过程研究。

我国煤炭工业比国外发展较晚，在管理方法上往往会采用引进的方式。自20 世纪末期，先后引进全面安全管理方法、职业健康安全管理体系方法。这两个方法均是结合国际上质量管理体系的成功经验而制定的，具有科学性、系统性。实践表明，尽管在总体上对安全管理效果是明显的，但其在应用过程中往往存在

"水土不服"导致的"两张皮"现象（企业做一套，认证审核时又一套）；而基于此理念经我国学者创新提出的本质安全化管理体系、风险预控管理体系在煤矿安全管理中应用较多，具有较好的适应性。

我国学者借鉴管理科学领域的研究成果，在煤矿安全管理领域提出了新的安全管理方法，对于煤矿安全管理水平的提升具有重要指导作用，如基于行为科学的安全管理方法、煤矿安全管理能力评价方法、煤矿安全风险集成管理方法、煤矿安全管理的"人体模式"、煤矿"五自"安全管理体系、煤矿安全管理的激励方法等。

综上所述，这些方法的提出及应用为煤矿安全生产形势的好转做出了重要贡献，使得煤矿企业安全系统各要素在融合上更进一步，也是煤矿企业安全系统进化的一个主要衡量指标。

四、煤矿企业安全系统的社会性因素进化分析

1. 煤矿安全规制

煤炭是我国最主要的能源，支撑着我国经济的快速发展。煤炭开采是高危行业，煤矿安全不仅关乎我国煤炭工业的生产和形象，也影响着国民经济的健康发展和整个社会的和谐稳定。自中华人民共和国成立以来，尽管党和国家一直关注煤矿的安全生产，但煤炭行业事故多发、死亡人数居高不下的状况，引起社会各界的高度关注。什么原因使煤矿事故频发？学者们在探究煤矿事故频发的内在成因（开采条件恶劣、技术装备落后、人员素质不高等）以外，将矛头直指我国煤矿安全生产政策。煤矿安全生产政策，部分学者将其称为煤矿安全规制，并定义为政府为保障煤矿工人在劳动过程中的安全和健康，在法律、技术、组织制度和教育制度等方面采取的各种措施。规制即针对由于市场失灵、信息不对称等因素而引起的一系列无法自我调节的问题进行政府干涉和管理，主要通过政策命令的下达实施来对市场环境、企业行为等进行相应的调整或处罚。肖兴志（2013）通过对信息不对称、买方垄断等市场运行的缺陷分析认为，煤矿安全规制是治理市场失灵，保障煤矿安全生产和矿工合法权益的有效手段。

对于企业而言，煤矿安全规制是一种外在约束，这种约束是否起作用以及在

多大程度上起作用，是值得研究的。就安全规制对于安全生产是否有效的结论尚不一致，Lewis-Beck（2015）和 Gray（2018）等认为正是政府规制的缺失造成了煤矿事故的频发，煤矿事故发生率和政府规制政策的强弱有明显的负相关关系，主张加强对煤矿安全生产的管制。但 Gray（2018）再次研究时发现，政府规制并没有明显降低死亡率，认为政府规制并不能提高工作场所的安全与健康水平，甚至还会阻碍该行业的发展。国内学者林汉川认为在缺少安全管制、责任规则的情况下，安全产品收益的滞后性、安全产品的外部性，以及煤矿企业的高风险偏好都会导致安全产品的供给不足。政府的事前规制与事后责任规则结合可以解决这一问题。肖兴志（2013）通过建立的安全规制效果分析框架进行研究，认为煤矿安全规制效果是否能够达到规制机构的预期目标，是由规制机构的意志决定的。他认为煤矿安全规制需通过企业和矿工的行为来作用于规制目标，当然，如产量等其他扰动因素也会起作用；李成武（2012）等通过对 1978 年至 2010 年煤矿安全生产政策的阶段分析认为，我国煤矿安全生产政策对于煤矿安全生产具有积极作用；吕秀江（2014）认为经过多年的政策积累，至今已形成了一套以安全生产法律为基础、行政法规和部门规章为支撑的煤矿安全政策体系，为我国煤矿安全生产工作起到了积极的事故防控作用。

在此基础之上，我国学者认为应该建立煤矿安全生产的长效机制。通过所构建的 VAR 模型实证检验中国煤矿安全规制效果，发现中国煤矿安全规制在长期是有效的，但在短期内效果不显著，并认为这是由于煤矿工人的逆向行为导致的。并且认为在长效机制的建立上，应充分重视社会舆论作用，要依靠社会公众的力量来推动煤矿安全生产，荆全忠（2018）的实证研究和庞柴（2014）的解释结构模型都证明了这一点，解释结构模型如图 4-24 所示。

2. 效益驱动

煤矿企业作为一个市场经营主体，探讨其安全生产问题，不可忽视效益驱动因素。政府、企业和矿工作为煤矿企业安全生产的核心利益相关者（既是核心利益主体，也是煤矿企业安全系统进化的动力因素主体），三方各自及其相互的利益关系对煤矿安全生产的实现具有重要作用。

追求利润最大化是煤矿企业经营的目标。尽管安全投入降低了事故发生概率，但并没有完全避免事故发生，同时又增加了生产成本，使得企业减少安全投资，又在难得的市场机遇下，又选择满负荷甚至超能力生产，如 2004 年 11 月 28 日发生的陈家山煤矿瓦斯爆炸事故等六起事故；2005 年 2 月 14 日于孙家湾煤矿海州立井发生的特别重大瓦斯爆炸事故。

当然也受其自身利益影响，如陈红（2012）通过对发生在 1980—2000 年的1203 起重大事故研究发现，绝大多数由不安全行为导致的事故可归结为高成本—高效价行为、高成本—低效价行为两类；肖兴志（2013）建立的矿工效用模型也说明了工人常在安全水平和工资之间做权衡，而煤矿往往采取风险溢价的方式来解决生产风险问题；涂胜伟（2016）从农民工矿工的角度探讨了劳动力买方市场对煤矿安全生产的影响。

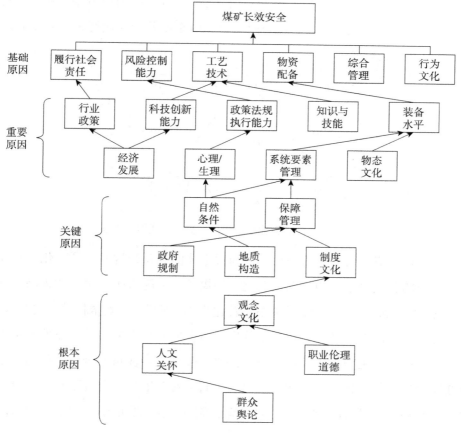

图 4-24　煤矿企业长效安全影响因素的解释结构图

当前，已有部分学者基于"委托—代理"理论和博弈论就三方利益驱动因素对煤矿企业安全生产问题进行了研究。肖兴志（2013）提出了如图4-25所示的煤矿安全生产中的"委托—代理"关系，在该模型中，煤矿企业被视为安全的提供者，矿工是安全的消费者。由于煤矿安全生产信息的不对称性、买方垄断及煤矿安全生产的外部性特点，矿工无法行使安全生产委托人的身份，因此将政府视为安全生产委托人身份，但由于中央政府无法直接管理煤矿企业，将政府划分为中央政府和地方政府，由地方政府代为管理。而地方政府作为"理性人"，也追求自身利益最大化，选择忽视中央政府制定的安全生产政策，甚至是与煤矿企业合谋。如2004年至2008年多次出现的列入国家关闭矿井名单的煤矿企业依然开采现象，前国家安全生产监督管理总局局长李毅中（2007）也曾指出"官煤勾结"问题；据2005年6月16日《中国企业报》披露：湖南省安监局对郴州市339个煤矿检查时，有199个矿井为非法开采，甚至有煤管站副站长开设的煤矿。

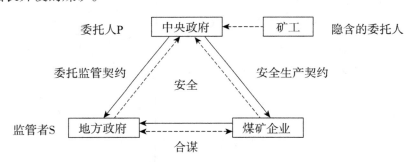

图4-25 煤矿安全生产中的"委托—代理"关系

但随着经济发展水平的提高，各利益主体的利益结构发生了变化，其在安全生产中的利益关系也相应发生变化。如煤矿工人随着生活水平的提高，其所关注的"经济利益—安全风险"关系将转化为"经济利益—安全权益—安全风险"结构关系，即矿工以经济利益为主的生存需要向安全需要、社会需要为主进行转变。企业也在主动承担社会责任方面进一步加强，注重安全生产行为，政府也在安全生产管理体制上做出更多转变，即：安全生产与利益驱动也可以相互促进，如当前部分学者所研究探讨的"基于激励相容"视角的安全生产管理体制。

五、基于事故系统观的煤矿企业安全系统进化模型

煤矿企业安全系统具有客观性，煤矿企业安全系统的各要素与生产要素紧密结合，并且在其相互作用中形成与安全生产紧密相关的事故各因素。由以上分析，近10年来，安全管理水平、安全技术水平、人员安全素质、效益驱动、装备设施水平、作业环境、煤矿安全规制等7个煤矿事故致因因素在具体体现上有了较大变化，其对煤矿企业安全系统的进化具有明显促进作用，且其中任何一个因素的进化都会使系统获得进化，如矿工安全素质水平的提高，会在操作设备、作业环境监测、安全技术应用等方面弥补其不足。但相关研究表明，单一要素投入的增加，在总体功能上将会呈现效益递减规律。尽管上述分析是从单一因素进行的，但事故系统各致因因素的系统性投入增加是客观存在的，其共同相互作用使系统整体进化，其进化模型如图4-26所示。

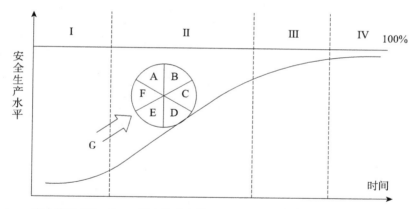

A——安全管理水平；B——安全技术水平；C——人员安全素质；D——效益驱动；

E——装备设施水平；F——作业环境；G——煤矿安全规制

图4-26　基于事故系统观的煤矿企业安全系统进化模型

图4-26中，S曲线表示煤矿企业安全系统功能的有限增长曲线，圆则表示煤矿企业安全系统在6大因素进化的基础上相互影响并共同进化，G则是代表系统外的煤矿安全规制因素，在系统进化的不同阶段，其推动力是不同的；I、II、III、IV则分别代表了煤矿企业安全系统发展的4个阶段。

六、煤矿企业事故系统总体特征

（1）在现有事故致因因素研究的基础上，考察了近 10 年来，煤矿企业安全系统物质条件、人员安全素质、系统性因素和社会性因素 4 个因素 7 个方面的进化趋势。结果表明：煤矿企业安全系统的物质条件和社会性因素已发展到了较高的程度，再提升的难度非常大并且对煤矿企业安全生产的效果不明显；而在矿工安全素质和系统性因素方面有待进一步提升，效果比起前两者将会更加明显。

（2）在 4 个因素 7 个方面分析基础上，考虑到其在系统中的相互作用，提出了基于事故系统观的煤矿企业安全系统进化模型。

本节的分析结果表明，对煤矿企业安全系统的人员安全素质和系统性因素进行改善是当前系统进化所应该采取的主要措施，但人员安全素质的提升比较明确，而系统性因素的改善则需要进一步研究。

第五章 煤矿企业安全文化系统机理分析

本章主要探索煤矿企业安全文化的要素结构，并分析这些结构要素的相互关系及其与安全文化形成路径的关系，用系统理论和系统方法深入剖析煤矿企业安全文化，研究煤矿企业安全文化的形成机理。

第一节 煤矿企业安全文化形成机理的理论基础

机理指机器的构造和工作原理，或有机体的构造、功能和相互关系，也泛指一个工作系统的组织或部分之间相互作用的过程和方式。煤矿企业安全文化形成机理是指煤矿企业安全文化的各组成部分在内外部影响因素的作用下达到和谐而最终形成的原理。

一、复杂社会技术系统中的安全文化

煤矿企业安全文化是一个受多方面因素影响、复杂的动态系统过程。从管理学的角度看，煤矿企业安全文化是以煤矿企业安全观念为核心的，安全制度、安全行为与安全物态围绕安全观念相互影响交错融合的系统。观念文化是煤矿企业安全文化的核心结构，是社会或某个群体关于正确评价安全价值的基本意识和观念。行为文化、制度文化和物态文化以观念文化为核心，是煤矿企业安全文化的表层结构，由各种有明确意义的行为、制度及明确物态内容的模式构成，它们之间相互影响、相互融合。

英国曼彻斯特大学心理学家 Reason（1996）总结和归纳了近 20 年来复杂社

会技术系统发展的 4 个特征。这些特征对系统中人员的行为模式产生了极大的影响。

（1）系统更加自动化。操作人员的工作由过去以"操作"为主变为监视——决策——控制。人因失误发生的可能性，尤其是后果及影响变得更大了。

（2）系统更加复杂和危险。大量地使用计算机使得系统内人与机、各子系统间相互影响更加复杂、更加紧密，同时使得大量的潜在危险集中在较少数人身上（如中央控制人员）。

（3）系统具有更多的防御装置。为了防止技术失效和人因失误对系统运行安全的威胁，普遍采用了多重、多样专设安全装置，从而大大提高了系统的安全性。但另一方面，对这些安全装置的依赖性又降低了操作人员对系统危险性的警觉性。同时，这些安全装置仍可能由于人因失误而失效——如切尔诺贝利核电站事故（实验过程中关闭安全保护装置），因而它们也就是系统安全最大的薄弱环节。

（4）系统更加不透明。系统的高度复杂性、耦合性和大量防御装置增加了系统内部行为的模糊性，管理人员、维护人员、操作人员经常不知道系统内正在发生什么，也不理解系统可以做什么。

除此以外，复杂社会技术系统还具有一些共性特点，可归纳为以下四点。

（1）开放性。一个与外界有物质和能量交换的开放系统，才具有系统通过自组织从无序向有序进化的状态。

（2）非均匀性。即系统内基本子系统分布的非均匀性，它们之间相互作用的非均匀性，在时间演化中表现的不可逆性。

（3）非线性性。这是由于基本子系统之间的相互作用而产生的，从而导致系统在各种条件下可能存在无序和有序的运动，也就引发了无序与有序之间转化的问题。

（4）自适应性。由于复杂系统的开放性，它必定与周围环境发生作用。根据生物学的适者生存法则，系统自然有能力对外界环境做出正确的反应，复杂系统的这种性质就是自适应性。

针对上述复杂社会技术系统特征，Reason（2017）提出了该类系统的一种失效模式。他认为，所有的人工系统在任何一段时间内都存在着潜在失效，就像人体内存有病原体一样。这些失效的影响不是立即表面化的，但它会助长不安全行为，弱化系统防御机制。通过系统的保护性措施，它们中的多数或能被发现、修正、防止。但有时，一系列的触发条件发生，那些"驻在病原体"便同其以"微妙和几乎不可能的"方式相结合，阻挠系统的防御，从而带来灾难性的破坏。"驻在病原体"包括：由决策人员、设计人员、管理程序等做出不当决定的影响以及潜在的维修错误、常规干扰和人的固有弱点。触发条件包括部件失效、系统异常、环境条件、运行人员失误和异常干扰等。

Reason（2013）认为，管理决策和组织过程中的失误是诱发系统失效的最根本原因。由此可见，对于复杂社会技术系统，人因事故的防范采取以往基于多米诺骨牌原理的策略已无能为力，必须采取技术手段、组织手段、文化手段融为一体的纵深防御策略，任何单一的或孤立的措施都将是徒劳的。复杂社会技术系统的发展对系统中的人因产生了极大的影响，致使系统的失效模式产生了结构性变化。这种变化迫使人们必须综合运用安全科学、管理科学和人因工程去建立一种新的科学方法和战略思想，才有可能解决复杂社会技术系统的煤矿企业安全文化形成问题。

基于上述观点，可建立一种主动型煤矿企业安全文化形成系统。该系统应具有两个特征：一为突出主动，强调主动从科学、组织、制度、创新、文化、战略等方面综合探查与辨识可能的人因事故，并采取综合性措施去减少和预防，体现了安全第一，预防为主的思路；二为纵深防御，系统是多层次和多阶段的，构成了人因事故防范与解决的多道防线体系。

从某种角度讲，安全文化是一种复杂技术系统，煤矿企业安全文化构成因素之间的协调统一并互相渗透、互相促进、互相制约，形成了其安全事故预防的有机整体，可以将其理解为复杂系统中的相互作用。在这个复杂系统中，一定条件和范围内，当一个因素一定时，另一个因素控制得越好，事故发生的概率就越低。

二、知识的类型及其特征

煤矿企业安全文化实际上是由一个核心（观念文化）与若干相关的周边因素（行为文化、制度文化和物态文化）组成。它们是在空间上密切联系、在功能上有机分工、相互依存并且具有一体化倾向的复合体。根据安全文化所拥有的知识透明程度和转移难易，基于 Henderson & Clark（1990）提出的组份知识（Component Knowledge）和体系知识（Architectural Knowledge）的概念，对煤矿企业安全文化的形成机理进行分析。

组份知识是关于煤矿企业的特殊知识资源、技能和技术，它反映的是煤矿企业基本的自然、社会现象和规律。因此，它是有待于发现而不是由安全文化创造的。组份知识又可分为技术性组份知识和系统性组份知识。技术性组份知识如有关特定行业的技术和操作规范、专利、蓝图等，是有形的，相对来说比较明晰，通过间接的交流就可进行传递。而系统性组份知识是有关系统的各组成要素之间关系的知识，有很多隐含的成分，需要经过直接的人与人之间面对面的交流才可得以传递。因此，技术性程度越低、系统化程度越高的组份知识，传播的速度越慢（Stephen Tallman，2004）。在煤矿企业中，组份知识比较容易在安全文化的各个构成要素之间传递。

体系知识是有关整个煤矿行业发展系统及其结构，以及整合已有的组份知识、开发新的体系知识和组份知识的程序知识。这种知识包括对煤矿企业各个构成要素的内在组份的融合及认识。体系知识不仅具有复杂性、无形性和隐含性，而且难以模仿，因而成为煤矿企业安全文化特有且高度专属的知识。

体系知识的不可模仿性突出地表现在两方面。

（1）路径依赖性。体系知识的形成具有主体属性，它在产生过程中对行为主体的经历、价值观和组织文化、环境具有较强的依赖性。体系知识作为一种积累下来的、带有经验性质的知识，是行为主体在从事经济和社会活动的过程中通过反复试错总结出来的具有规律性的行为倾向或习惯。这就说明了前期的实践活动对体系知识的形成及其内容的决定作用。而作为体系知识形成基石的文化、环境本身的营造、构建过程也是一种具有历史积累性质的活动，这更加强化了路径依赖的特征。煤矿企业安全文化的体系知识往往伴随着企业发展的整个过程，是体现在实践中的知识。

（2）因果关系的模糊性。体系知识的积累或形成往往是很多因素共同作用的结果，但要完全识别出这些因素是很困难的。这种因果关系的模糊性能够极大地阻碍体系知识被模仿，从而增强了它的专属性、垄断性以及获利能力。

煤矿企业安全文化体系知识的形成过程是一个学习积累与创新的过程，是各行为主体间相互影响和相互作用的交互过程。以观念文化为核心，行为文化、制度文化和物态文化相互影响的这种潜在知识已经成为煤矿企业内部共同知识体系的一部分。

三、系统经济学基本原理

系统经济学（Systems Economics），是指利用现代系统科学的思想和方法，并吸取中国古典哲理的精华。研究经济过程"资源→生产→分配→交换→消费→环境→资源"当中的人与人、人与自然之间的关系。更确切地讲，系统经济学就是利用现代系统科学的思想方法和中国古典哲理的精华去研究经济系统的形成和演化规律，以及其与人类需求之间的价值关系。我国学者吴克烈（2006）在其所著的《系统经济学》一书中，对系统经济学的产生、研究对象、理论基础和基本内容进行了初步阐述，但其研究并不深入。而昝廷全（1995，1997，2004）教授等从 20 世纪 80 年代开始研究系统经济学，到目前为止，基本上完成了系统经济学哲理框架的搭建工作，得出了一批具有数学形式的新结果，提出了发展系统经济的一些具体理法。系统经济学的一些思想和原理为研究煤矿企业安全文化系统提供了新思路。

根据系统经济学的观点，经济系统被定义为由经济元和它们之间的经济关系共同构成的整体，其中经济元是指系统内在特定组织水平上具有一定功能的经济实体。通常把经济元的集合称为经济系统的硬部，把它们之间的经济关系称为其软部。在系统时代的背景下，以经济系统方式进行的活动被称为系统经济。系统经济有三种表现形式：一为共硬系统，二为共软系统，三为软部和硬部之间的诱导转化。

共硬系统是指经济系统的硬部不变，即经济元不变，这里可以理解为煤矿企业的安全文化系统，但其软部，即经济元几个构成要素之间的关系发生变化。共硬系统里经济元虽然不变，但经济元之间的关系变了，系统当然也随之变化。对于共硬系统，经济元之间关系的变化有两种方式：一是让关系加强，即所谓的煤矿安全体系深化；二是让每个经济元扩展与外界的联系，即系统广化。共软系统是指经济系统的软部不变，而让其硬部发生变化。煤矿企业安全文化的共软系统是指该系统中软部和硬部之间的诱导转化，把某种已知的、易于处理的关系引入安全文化系统的硬部，就会自然导致安全文化系统的软部和硬部都随之发生变化。在煤矿企业安全文化系统中，软部和硬部之间的诱导转化是该系统最为复杂的表现形式。

四、自组织理论原理

本书从系统论的视角进行研究，强调系统的整体性原则，体现在煤矿企业安全文化系统构成上。在此基础上，自组织理论对研究煤矿企业安全文化的形成机理起到了很大的作用。

企业究其本质是一种组织，企业行为是一种组织行为。一般来说，组织是指系统内的有序结构或这种有序结构的形成过程。从组织的进化形式来看，可以将其分为两类：他组织和自组织。如果一个系统靠外部指令而形成组织，就是他组织；如果不存在外部指令，系统按照互相默契的某种规则，各尽其责而又协调地自动形成有序结构，就是自组织。自组织现象无论在自然界还是在人类社会中都普遍存在。一个系统自组织功能越强，其保持和产生新功能的能力也就越强。例如，人类社会比动物界自组织能力强，人类社会比动物界的功能就高级。

自组织理论是 20 世纪 60 年代末期开始建立并发展起来的一种系统理论。其研究对象主要是复杂自组织系统（生命系统、社会系统）的形成和发展机制，即在一定条件下，系统如何自动地由无序走向有序，由低级有序走向高级有序。它主要包含耗散结构理论（Dissipative Structure）、协同学（Synergetics）和突变论（Catastrophe Theory）三个部分。

（1）耗散结构理论是研究耗散结构的生成和演化规律的理论，主要研究一个开放系统由混沌向有序转化的机理、条件和规律，系统与环境之间的物质与能量交换关系，以及对自组织系统的影响等问题。建立在与环境发生物质与能量交换关系基础上的结构即为耗散结构，如城市、生命等。远离平衡态、系统的开放性、系统内不同要素间存在非线性机制是耗散结构出现的三个条件。

（2）协同学是一种研究不同系统在一定外部条件下，系统内部各子系统之间通过非线性相互作用产生协同效应，使系统从混沌无序状态向有序状态，从低级有序向高级有序，以及从有序转化为混沌的机理和共同规律的理论。协同学以各类子系统组成的复杂开放系统所共有的协同性为研究对象，主要研究复杂系统宏观特质的质变问题及系统内部各要素之间的协同机制。系统各要素间的协同是自组织过程的基础，系统内各个变量之间的竞争和协同作用是系统产生新结构的直接根源。它包括协同效应原理，即用复杂系统内各子系统间的相互作用来说明系统自组织现象的观点、原则和方法；伺服原理又称支配原理，即系统通过不稳定性可以自发形成空间结构、时间结构或时空结构，达到新的有序状态。当系统接近不稳定点时，通常由少数几个序参量决定；自组织原理，它反映复杂系统在演化过程中，如何通过内部诸要素的自行主动协同来达到宏观有序的客观规律。

（3）突变论则建立在稳定性理论的基础上，考察某种过程从一种稳定状态到另一种稳定状态的跃迁。突变过程是由一种稳定态经过不稳定态向新的稳定态跃迁的过程。突变论认为，即使是同一过程，对应于同一控制因素临界值，突变仍会产生不同的结果，即可能达到若干不同的新稳态，每个状态都呈现出一定的概率。当系统由一种稳态向另一种稳态跃迁时，系统要素间的独立运动和协同运动进入均势阶段，任何微小的涨落都会迅速被放大为波及整个系统的巨涨落，推动系统进入有序状态。

本研究运用自组织理论的协同学与突变论的原理，分析和研究煤矿企业安全文化的形成和演化机理。煤矿企业如果拥有自组织的环境或条件，则其运作效率就可能达到最佳状态。基于此，客观定位煤矿企业营建一种自组织环境的能力，对剖析煤矿企业安全文化形成机理具有重要意义。

第二节　煤矿企业安全文化系统构成要素及其关系

煤矿企业安全文化系统由四个子系统组成，分别为安全观念、安全制度、安全行为和安全物态。这四个子系统之间并不是平行的关系，而是以安全观念为核心，相互影响交错融合，持续改进的关系。

一、系统构成分析

本章从系统论视角探讨煤矿企业安全文化的系统构成。虽然煤矿企业构成要素的划分并不唯一，但要基于系统要素划分的最基本原则，即根据系统的性质和主体目标合理取舍要素，并使各要素的隶属标准一致。

系统是指相同或相类的事物，按一定的秩序和内部联系组合而成的整体，集成不是简单地集合而是耦合。系统是由两个以上相互联系、相互作用的部分（要素）所组成的，具有一定结构和功能的有机整体。按照系统的观点，任何系统都是由要素及其之间的关系所构成的对立统一体，要素的结构及要素之间的变化关系，形成系统的结构及其运动。

企业系统是为达到一定的目的，由一系列相互联系的要素、环节、经济活动单位所组成的，具有独特功能的生产经营有机整体。企业系统是一个复杂的人造系统，它是按照人的需求目的，由人工组织所建立起来的一种系统，是开放的动态系统。企业系统的基本功能是为社会提供有形或无形的财富并获取一定的利益。

煤矿企业安全文化系统的构成，从不同角度则有不同的划分方式，人们通常习惯于从物质大小、所属层次、结构特点和空间位置、性质等方面区分和定义整体中的子系统。

二、观念文化的核心作用

从煤矿企业安全文化的研究中可以看到，企业特定的价值理念、思维方式和行为规范的统一性，其最核心的内容是观念文化。企业文化中的价值理念与行为规范是一个不可分的整体，二者相互联系、相互作用、缺一不可。价值理念中蕴含着应有的行为规范，行为规范以价值理念为指导，体现着价值理念的要求。

煤矿企业安全文化是以煤矿企业安全观念为核心的，安全制度、安全行为与安全物态围绕安全观念相互影响交错融合的系统。它们之间的关系如图 5-1 所示。

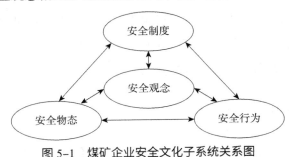

图 5-1　煤矿企业安全文化子系统关系图

煤矿企业安全文化系统首先包括了人们对自身安全的关注，免受伤害价值观念，也就是观念的安全文化的形成。其次，包括了制度的安全文化，即行为规范的安全文化——安全生产法规、规章制度、技术操作规程的建设，以营造一种强制力，对人们的不安全行为和危险动作进行有效的制约和束缚，使人们对自己的行为承担法律和道义上的责任。再次，它还包括对人们行为的安全引导，使人们认同安全的行为后放心去做，同时也否认危险动作，使人类的活动能安全、有序地进行。最后包括了物态的安全文化——即生产设备的安全防护设施，个人劳动防护用品以及生产场所、环境、装置的本质安全化，以及各种安全技术和科研成果。

煤矿企业安全文化系统中，安全观念文化是核心，起着支配和决定其他层次文化的作用，而安全制度文化、安全行为文化和安全物态文化也会促进和推动安全观念文化的形成。安全文化的四个构成部分有机统一、相辅相成、不可分割，渗透于企业的各个层面。煤矿企业安全物态文化是安全文化的外在表现和载体，是安全行为文化、安全制度文化和安全观念文化的物质基础；安全制度文化是安全观念文化的载体，安全制度文化又规范着安全行为文化；安全观念文化是形成安全行为文化和安全制度文化的思想基础，是形成和提高安全行为文化、制度文化和物态文化的原因，也是安全文化的核心与灵魂。

（1）安全观念与安全行为。一方面，安全观念规范着管理者和员工的安全行为，另一方面，员工的安全行为体现并塑造巩固安全观念。

煤矿企业安全观念文化是企业员工在外部客观世界和自身内心世界对安全的认识能力与辨识结果的综合体现，是员工长期实践形成的心理思维的产物，是一种无形的、深层次安全思想的反映，它是转化为安全物态文化、安全制度文化和安全行为文化的基础。安全行为文化是指在安全观念文化指导下，人们在生活和生产过程中的安全行为准则、思维方式、行为模式的表现。行为文化既是观念文化的反映，同时又作用和改变观念文化。

煤矿企业安全文化注重发挥员工的主观能动性，它把一种具有科学性和激励性的企业安全目标，以多种形式灌输到员工的思想观念中。这种安全目标一旦作为一种固定的价值观烙刻在每个员工的心中，就会成为支配安全行为的最高准则，企业员工会以此为导向激励或约束自己的行为。每个员工都是企业群体中的一员，其行为受到企业整体安全价值观的制约。企业安全文化通过企业共同安全价值观内化为每个员工的安全价值观，使企业安全目标转化为员工的自觉行动，实现个人安全目标与企业安全目标的高度统一，因而比传统硬性的管理更具有持久性和影响力，有利于提高企业的安全素质和安全管理水平。

企业安全文化的导向、规范、激励、凝聚、辐射等功能，最终将通过员工行为表现出来。因为人的行为是由动机支配的，动机是由需要引起的，而需要的形成和动机的产生受内部因素（包括生理、心理、价值观等）和外部因素（包括风俗、道德、舆论等）制约。同样地，在不同的文化背景下产生的动机是有差异的。企业安全文化通过建立健康的安全理念形成正确的安全价值观，去影响和提高员工的安全文化素养，从而规范员工的安全行为。

企业管理者树立安全价值观，提高安全意识，会提高组织安全承诺和管理参与程度。这样可以提高领导安全生产决策行为水平和员工控制行为合理程度，从而提高安全行为水平。安全行为水平的提高会强化对安全观念的需要。

（2）安全观念与安全制度。安全观念是安全制度形成的基础和前提，安全制度反映并作用于安全观念。安全制度文化对社会组织（或企业）和组织人员的行为产生规范性、约束性影响和作用，它集中体现观念文化和物态文化对领导和员工的要求。

安全行为文化是安全观念文化在人们生产活动中的重要体现，而安全制度和安全规范是人们的行为准则。一个企业有了健全、完善、合理的安全制度和安全规范，员工生产行为就有了安全的活动范围，只要未超出这个安全范围，员工的生命健康以及生产设备就是安全的。

领导树立安全价值观，提高安全意识，就会注重对安全制度、安全组织机构、安全领导体制的建设；员工有了安全观念就会自觉遵守安全制度，安全制度反映安全观念。

（3）安全观念和安全物态。安全观念是形成安全物态的基础，安全物态是形成安全观念的条件，安全物态文化体现出安全观念文化。

安全物态文化是安全文化的表层部分，它是形成观念文化和行为文化的条件。

从安全物态文化中往往能体现出组织或企业领导的安全意识，反映出企业安全管理的理念和哲学，折射出安全行为文化的成效。所以说物质是文化的体现，又是文化发展的基础。

领导树立安全价值观，提高安全意识，就会注重对安全产品安全技术安全环境的资金投入；员工树立安全观念就会维护安全环境，主动使用安全产品和技术。

由此可见，煤矿企业安全文化的这四部分内容可分为显性和隐性两大类。煤矿企业安全文化的显性内容是以精神的物化产品和精神性行为表现出来的，员工可直观感受到的，符合企业安全文化实质的内容。企业安全文化的显性内容是精神的外化，是企业安全文化的重要组成部分。它包括企业安全标志、设施、装置、生产作业环境、安全规章制度、安全管理行为等。煤矿企业安全文化的隐性内容包括企业安全哲学、企业安全精神、安全价值观念、安全道德、安全风尚、安全目标等。

可以认为，观念文化是隐性的，观念文化驱动的行为文化、制度文化、物态文化是显性的。安全物态文化是煤矿企业安全文化的外在表现和载体，是安全行为文化、安全制度文化和安全观念文化的物质基础；安全制度文化是安全观念文化的载体，安全制度文化又规范着安全行为文化；安全观念文化是形成安全行为文化和安全制度文化的思想基础，也是煤矿企业安全文化的核心与灵魂。

三、其他构成要素的相互关系

煤矿企业安全文化的制度文化、行为文化和物态文化都是观念文化的物化或对象化，是其"物化"或"外化"的表现形式，是精神转化为物质的"外化"结果。这三个要素之间同样具有相互作用关系。

1. 安全制度与安全行为

制度是由人制定的规则，是人类相互交往的规则。它们的首要角色是抑制人际交往中可能出现的任意行为和机会主义行为。制度为一个共同体所共有，并总是依靠某种惩罚而得以贯彻。带有惩罚的规则创立起一定程度的秩序，将人们的行为导入可合理预期的轨道。如果各种相关的规则是彼此协调的，它们就会促进人与人之间的可靠合作，从而就能很好地利用劳动分工的优越性和人类的创造性。制度的第二个角色是使复杂的人际交往过程变得更易理解和更可预见，则不同个人之间的协调也就更易于发生。因而制度在相当程度上保护了人们，使人们得以免于面对不愉快的意外和不能恰当处理的情形。制度保护各种个人自主领域，使其免受外部的不恰当干预。制度的第三个重要角色是有助于缓解个人间和群体间的冲突。在许多时候，独立行事的个人之间难免发生冲突。当不同的人追求其个人目标，行使其自由意志时，常常会影响到他人。其中，有些影响是不受欢迎的。于是，就会产生如何以较低的代价和非暴力方式来解决冲突问题，以及如何使个人行动自由受到最佳约束以避免破坏性冲突的问题。

安全规章制度的健全意味着安全知识的全面普及，煤矿企业工人的安全知识不够全面，尤其是对不安全行为产生原因认识的片面和不足，影响工人对不安全行为的判断和对不安全行为的预防。企业的建立需要权威，企业制度也反映了权威的意志。权威孕育了企业，企业发展到一定层次后，权威的意志以各种管理制度、规定、办法来体现。

安全行为一方面受安全观念潜移默化的影响，一方面又受安全制度的直接规范和制约，而安全制度需要安全行为遵守和贯彻才能真正体现安全观念文化的精神。安全行为文化是安全观念文化在人们生产活动中的重要体现，而安全制度和安全规范是人们的行为准则。一个企业，有了健全、完善、合理的安全制度和安全规范，员工生产行为就有了安全的活动范围，只要未超出安全范围，员工的生命健康以及生产设备就是安全的。安全制度文化是安全观念文化的载体，安全制度文化又规范着安全行为文化；安全制度、安全组织机构、安全领导体制可以规范安全行为，制约不安全行为。

2. 安全制度与安全物态

安全物态文化是煤矿企业安全文化的外在表现和载体，是安全制度文化的物质基础，同时安全制度文化也决定规范着安全物态。安全制度对安全物质投入的规定，对物态产品规格、物态技术要求和作业环境标准的规定都影响安全物态水平。

3. 安全行为与安全物态

安全物质文化是煤矿企业安全文化的外在表现和载体，是安全行为文化的物质基础；安全物态设备、技术和环境都影响安全行为的合理程度，同时安全行为又维护安全物态。

第三节　煤矿企业安全文化形成过程及演化机理

分析煤矿企业安全文化形成过程及演化路径，有助于我们了解不同煤矿企业的安全文化具有差异的原因。尤其是当一些煤矿企业拥有相似的外部环境和经历相似的管理者，并且企业领导都来自同一个地方，接受同样的教育，在一段时间之后为什么会形成不同安全文化和安全管理方式。

一、企业文化形成理论总结

煤矿企业安全文化隶属于企业文化，因此，虽然关于煤矿企业安全文化形成过程的直接文献比较缺乏，但仍然能够从企业文化形成过程的相关理论中得到借鉴。

1. 群体动力理论

企业文化如何形成的假说之一是群体动力理论（The Group Dynamics），它是行为科学学派代表人之一美国学者库尔特·卢因于1944年提出的。这一理论假说注重研究人与人之间的关系及感情的激发过程，群体中各个成员的活动、相互影响和情绪的综合就构成群体行为。群体是处于相对均衡状态的各种力的"力场"，群体成员在向其目标运动时，可以看成是力场从紧张状态中解脱出来。群体行为就是各种相互影响的力的一种错综复杂的结合，这些力不仅影响群体结构，也修正一个人的行为，员工的行为方式和价值观便产生于员工内部磨合和外部适应的过程中。

为了有效地解决外部环境问题和创造心情愉快的内部氛围，企业组织必须解决"由谁领导""谁有多大权利和影响力"等问题。实际上，解决这些问题的方法便形成了组织的文化假设。如果组织在初次努力中成功地解决了出现的问题，则很可能形成一种"结合"假设，并对组织期望和组织成员之间的关系产生假设。

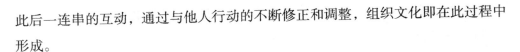

此后一连串的互动，通过与他人行动的不断修正和调整，组织文化即在此过程中形成。

2. 企业领导理论

有关企业文化形成的假说之二是企业领导理论（Leadership Theory），它探究了企业创始人、企业家、企业领导怎样创造和内化他们自己的假设。显然这种理论假设绝非空穴来风，因为领导者的个性、气质、形象对企业组织以及组织文化的形成和演化有着深刻的影响。

企业文化往往是企业家个人特质的扩大化，企业家对企业文化的影响主要体现在企业家的性格特质、决策水平、文化修养、经营哲学、价值观念、思维方式以及工作作风等方面。吴刚（1989）认为，企业经营者都有自己的一套经营哲学、价值观念和战略目标体系。一方面，这种经营哲学、价值观念体系的形成与企业家性格特质和风度、气质等关系密切；另一方面，企业经营者在传播、实施贯彻这一体系的过程中，其自身形象又直接或间接地影响着企业的全体员工，产生巨大的示范效应。对于企业家的分析，要关注企业成长过程中的各任领导，尤其要关注那些带领企业进行重大变革的领导（王璞、武凌，2003）。

3. 企业惯例理论

有关企业文化如何形成的假说之三是企业惯例假说。Nelson 和 Winter（1982）提出了惯例这个概念作为演化理论的分析单位，认为企业惯例是企业演化的基因。早在 1964 年，Sidney Winter（1964）就定义了惯例，认为它是一种重复执行的行为模式。惯例也可以理解为认知模式（Simon，1947；March 和 Simon，1958；Cyert 和 March，1963；Cohen，1991；Delmestri，1998）。例如，如果条件 A，那么做程序 B。在商业社会中，有很多"if-then"规则，如拇指法则（Hall 和 Hitch，1939；Katona，1946），标准化流程（Cybert 和 March，1963）。

他们描述惯例从一个生产企业到另一个生产企业的复制过程就是相对应的个体员工学习原惯例企业员工的行为、角色，当这些学习后的个体员工一起扮演他们的角色时，惯例就被复制了。惯例是嵌入于组织和它的结构中的，具有情境依赖性和集体性，惯例是从一个地方转移到另一个地方受到环境的限制，是一个很重要的、专一性的解释（Becker，2004）。当论及惯例的形成或复制的时候必须要问需要学到什么程度，需要学习惯例的哪个方面；当惯例被确立，一再被重复的时候，我们就明白以后碰到类似的情况该如何处理，Nelson 和 Winter（1982）也因此把惯例称之为"企业的组织记忆"。企业惯例理论虽然研究的是企业以惯例为分析因子的一个变异、选择和保留的一个演化过程，但企业惯例的形成过程不可避免地带来企业文化的形成。一种重复的行为模式和规则本身包含着做事方式的一种选择，包含着一种思维模式，什么情况下做什么样的事情，这本身就是一种价值观念。

4. 经济学博弈论

除了以上三种理论外，有学者从经济学博弈论的角度分析企业文化的形成。以 Kreps（1990）为代表，他的企业文化理论的基本假设包括以下内容：由于正式合约在许多场合太昂贵，所以现实中存在着大量的不安全合约；企业是重复博弈者，博弈者需要考虑到将来的利益；大多数场合下，通过重复博弈引导合作要比通过合约引导合作更为廉价。例如，口头协议要比签订法律合同便利得多；无论是一次博弈还是重复博弈都会导致多重均衡的结果，要实现均衡还得借助其他手段；广泛存在着取信双方和引导博弈者正确行事的、看不见的要素。

尽管前三个假设已成为当前企业理论的常识，但后两个假设却将企业文化因素引入分析。Kreps 使用了"焦点"假说（Focal Point），即当博弈参与者之间没有正式的信息交流时，他们存在于其中的"环境"往往可以提供某种暗示使得他们不约而同地选择与各自条件相称的策略（焦点），从而达到均衡。该假说在企业惯例理论的常用说法是停战协议（Nelson Winter，1982；Becker，2004）。

Kreps 认为这样的"环境"对企业经营来说是非常重要的，因为在大量情况下，契约常常是不完备的。因此，为了使增进福利的最优解更容易出现，企业需要形成某种"文化"，即决策环境，使人们可以在不确定性情况下容易地找到决策的"焦点"。在 Kreps 的模型中，企业文化被看作是一种指令（Directive），这种指令提供了人们行动的依据，可以形成一种默契和一种微妙的暗示。反过来则意味着，"焦点"的存在减少了人们选择行为中的不确定性和机会主义倾向，这里的"焦点"很显然是一种"共享的价值观"（Shared Value），这也是企业文化的核心。

正是由于一个强有力的文化规范会约束人们选择特定的行为，在类似"性别博弈"的多重均衡中就可以通过引入"文化"来确定唯一均衡的存在。事实上，如企业惯例因子如何形成假说一样，Kreps 的企业文化理论，也可以称之为"作为惯例的文化"的观点。多次博弈双方所形成的惯例，节约了大量与清楚协调相关的成本，文化惯例使人们能够意识到并且能够明确如何正确地应用它们。从其本质上来说，惯例形成假说和重复博弈假说对于文化如何形成的分析是相同的，不同的是其所处研究领域和用词的不同。

上述分析中将文化看作是复杂交流的一个替代，对于组织的成员而言，重复可以保持博弈中的合作。在许多博弈中，合约能够很容易地被重复所代替，从这个角度看，尽管个人进入组织夹带特殊的偏好，但他选择遵从组织文化指令的行为是理性的。

拉泽尔（Lazear，1995）也试图解释文化偏好内化的过程。他运用一个演进的进路，将文化同基因进行类比，而偏好更像是一个遗传的天赋。假设 T 时刻企业内的个体与其他个体相遇。相遇的个体的偏好，经过高层管理者的操作，一些偏好得到赏识，他们的携带者更容易在企业内生存并继续进行配对。在下一时刻他们再次相遇，偏好便会有所混合。这里的高层管理者对企业文化的影响如上述企业文化假说之二，他的模型思路把企业的演化路径看作是拉马克式获得性遗传的演变。Kreps 的企业文化指令进路与 Lazear 的内化进路观点是一致的，实际上，两者相互补充，深化了人们对文化的认识。因为内化可以产生博弈理论的预期；相反，博弈理论的预期也可能会导致内化的发生。

5.组织学习理论

组织学习是通过理解和获得更丰富知识来提高行为能力的过程（Fiol，MLyles，1985）对企业过去的行为进行反思，从而形成指导行为的组织规范（Levittt，March，1988），并使得企业的知识基础和价值基础发生变化，使企业解决问题能力和行动能力得以提高的过程（梁梁，张晶，方猛，1999）。这些定义无不涉及组织学习对于企业价值观和企业行为的影响，其中组织学习所作用的对象是知识或者信息，人们的行为总是和特定的信息集合相对应，企业文化是通过人们脑海中的信息从发送者传达到接收者而形成的。

因此，企业文化的形成原因归根到底在于组织的学习，学习的动力来源有二：一是存在着问题需要解决，二是为了避免产生焦虑或未来不确定的紧张（Schein，1984）。

所有这些不同研究领域，都涉及企业文化的形成，都强调文化形成过程中人的互动过程，强调学习效应，强调学习对象是规则、知识或信息。但不同的是，企业惯例理论和博弈论非但解释了文化的形成，而且还可以解释文化演化特征：遗传性。

二、企业内外部因素作用机理

辩证唯物主义认为，事物的产生与发展是内因与外因共同作用的结果，内因是关键，外因通过内因起作用。煤矿企业安全文化也不例外，尽管煤矿企业安全文化形成的具体原因千差万别，但仍可大致地将其概括为内因与外因。煤矿企业安全文化形成的内因是企业自身条件因素，外因是企业外部环境因素。企业自身条件因素与外部环境变化是煤矿企业安全文化形成的根源。

1. 企业自身条件因素

煤矿企业的自身条件即企业组织内部各种运营要素的整体情况，以及由于这些要素组合不同而形成的企业管理体制、管理水平等综合情况。企业自身条件变化所产生的问题主要是企业内部管理不善所导致的，包括战略选择错误、战略执行不力、组织结构不合理、治理结构不完善、体制不健全、人际关系不协调、管理者思维观念因循守旧，以及企业文化观念落后等。

煤矿企业自身的条件因素是煤矿企业安全文化形成的内因，内部影响因素包括安全意识、安全需要、组织承诺度、员工授权程度、管理参与程度、沟通系统、教育培训系统、奖惩系统和安全事故等。这些影响因素都对安全文化的形成起到举足轻重的作用。

2. 企业外部环境

企业外部环境是指与企业组织经营有关的各种外部因素的整体状况，也可以称之为企业所处的生态环境。本节将其总结为社会经济文化、社会安全需要、社会安全价值观、行业特点、生产力发展水平和国家安全法规等。社会环境是一个国家的社会组织、社会结构、人口状况、风俗习惯、历史传统和文化基础等。文化环境是指人们在特定的社会里所形成的习惯、知识与观念等，如社会风俗、生活方式、教育水平和宗教信仰等。社会经济文化指一个国家或地区的社会经济制度、经济发展水平、产业结构、劳动力结构、物资资源状况、消费水平、消费结构及国际经济发展动态等。社会经济文化决定着企业的发展水平和企业成熟程度。发达国家经济发展表明，经济发展水平越高，其经济环境就越优越，企业发展水平越高，企业竞争力就越强，企业安全文化形成的水平就越高。

3. 企业安全文化的形成及特征

在内外部因素的共同作用下，煤矿企业安全文化才得以形成。图 5-2 是其形成过程。

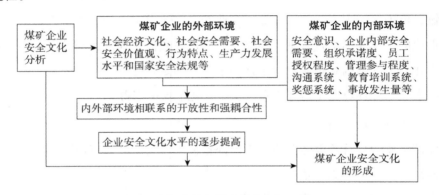

图 5-2　内外部因素的作用机理图

煤矿企业的安全观念文化受到若干因素的影响而形成，包括社会经济文化水平、社会安全需要、社会安全价值观、煤矿行业危险程度、安全事故等因素；安全物态文化受到生产力发展水平、管理者安全意识、组织承诺度等因素的影响；安全制度文化受到组织承诺度、国家关于煤矿行业的安全法规健全度等因素的影响；安全行为文化受到安全意识、员工安全需要、管理参与度等因素的影响。

由此可得出以下几点结论。

（1）煤矿企业安全文化处于动态环境之中，需要不断完善、创新，而且任何一个子系统作用功能都是变化的，都可能对其他子系统产生短期或长期的影响；

（2）煤矿企业安全文化是一个开放系统，其外部环境涉及社会经济文化、行业特点等要素，需要不断地适应外界环境。

（3）煤矿企业安全文化是一个非线性系统，体现在企业安全文化的构成是观念、制度、行为和物态的长期积累，是非结构化的系统，显现出与外界环境相联系的开放性和彼此间的强耦合的特征，因而是难以模仿的。

综上所述，煤矿企业安全文化处于复杂系统状态中，并由安全观念水平维度、安全制度水平维度、安全行为水平维度和安全物态水平维度构成，可运用复杂系统的自组织理论，揭示四个维度如何协同形成煤矿企业安全文化。

三、煤矿企业安全文化演化路径

煤矿企业安全文化的强制演化和自然演化两种机制相辅相成，共同推进煤矿企业安全文化的形成。这正如网络的演化方向，一种是自上而下的强制演化过程，一种是自下而上的自然演化过程，如图5-3所示。

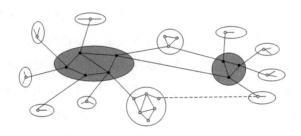

图5-3　煤矿企业安全文化的演化方向

上图代表了煤矿企业安全文化的演化方向，点状表示煤矿企业安全文化内外部的影响因素，包括社会经济文化水平、社会安全需要、社会安全价值观、煤矿行业危险程度、安全事故、生产力发展水平、管理者安全意识、组织承诺度、国家关于煤矿行业的安全法规、安全意识、员工安全需要与管理参与度等因素，它们之间有着自上而下的强制演化和自下而上的自然演化关系。下面就这两种演化路径进行详细分析。

1. 基于控制论的强制演化

（1）安全文化控制系统及状态变量的界定

控制就是施控者对受控对象的一种能动作用，这种作用包括作用者、被作用者和作用媒介三个要素。在煤矿企业安全文化系统的研究中，我们将施控者、受控对象和控制媒介这三个部分组成的相对于某种环境而具有控制功能的系统，称为控制系统。

控制系统作为统一的整体，必然对外界环境具有相对封闭的边界，否则根本无法加以控制。但是，任何现实的控制系统都不是绝对封闭的，而是开放的。控制系统的开放性集中体现于它与环境之间的相互影响和相互作用。一般地说，可以把环境对控制系统的影响和作用称为控制系统的输入，而把控制系统对环境的反向影响和反向作用称为控制系统的输出。由控制系统的输入引起的控制系统的输出，称之为控制系统的行为。

控制系统的行为可以用控制系统的状态及状态变换来描述。状态是对控制系统在指定时刻行为的一种概括，它是把系统的过去行为与未来行为分离开来的一组必要且充分的信息。控制系统的状态一般是用能够完全描述控制系统动态行为的一组变量来刻画，这组变量称为状态变量。

控制系统包括输入变量、状态变量和输出变量，它们可以完整地描述控制系统的行为及行为变化状况。控制系统的输入变量主要有两类，一类是人们为了实现控制目的而人为施加的变量，叫作命令决策变量；另一类是其他系统的变化能给该系统造成影响的变量，叫作输入耦合变量。同时，控制系统的输出变量也可以分为两类，一类是信息输出变量，它可以用来描述控制系统的运动状态，为观察、研究和控制系统提供信息；另一类是输出耦合变量，它反映了人们控制系统的结果，即其输出的变动情况，也是该系统影响其他系统的变量。

使用输入变量、状态变量和输出变量描述的控制系统称为控制系统的状态空间描述。这种描述的数学模型包括两类方程，即状态方程和输出方程。

记：x 为控制系统的状态变量向量，它是 n 维的，属于状态空间；

u 为控制系统的输入变量向量，它是 m 维的，属于输入空间；

y 为控制系统的输出变量向量，它是 l 维的，属于输出空间；

T 为要考察的总时间，t 为状态所对应的具体时刻。

状态方程反映控制系统本身的内在特征，既是输入变量的函数，又是状态变量的函数，离散控制系统状态方程的一般形式为：

$$x(t+1) = J(x(t), u(t), t) \quad (其中\ J\ 为\ n\ 维的向量函数) \quad (5-1)$$

输出方程反映系统控制的结果，即其输出变动情况，是状态变量的一种向量函数，有时也是输入变量的一种向量函数，离散控制系统输出方程的一般形式为：

$$y(t+1) = K(x(t), u(t), t) \quad （其中 K 为 l 维的向量函数）\qquad （5-2）$$

状态方程描述了控制系统的内部行为，即 $t+1$ 时刻系统状态取决于 t 时刻的系统状态和 t 时刻的系统输入；而输出方程描述了 t 时刻的系统输出情况，它是 t 时刻的系统状态和 t 时刻的系统输入的某种向量函数。如果给定状态向量的初始值 $x(0)$ 和输入向量在各个时刻的值 $u(0), u(1), ..., u(k)$ 由状态方程可唯一地确定状态向量在各个时刻的值 $x(1), x(2), ..., x(k+1)$，由输出方程可唯一地确定输出向量的值 $y(0), y(1), ..., y(k)$。因此，状态方程和输出方程完整地描述了一个控制系统的运动变化情况，它们合在一起构成了控制系统的状态空间描述。

安全文化系统的状态空间描述是对控制系统的一种全面描述，其状态空间模型的构建是进一步研究控制系统行为、揭示其运动规律的前提。

（2）强制演化安全文化控制系统的特点

煤矿企业安全文化控制系统与一般控制系统具有很大的不同，在安全文化系统的强制演化中，施控者是管理者，受控对象是员工，他们都是具有学习和适应能力、能够独立做出判断和各种行为的行为主体。每个行为主体都是一个具有自我控制能力的行为控制系统，由行为影响因素（输入）、行为状态和行为输出三个部分构成。这种控制系统并不是简单地对外部输入做出响应，而是根据他们对外部输入的诠释和评价能动地做出反应。在煤矿企业的安全生产中，管理者和员工既受自身行为状态的影响，又存在相互影响和制约，表现出极为复杂的行为特征。因此，强制演化安全文化的控制系统既具有一般控制系统的特点，也表现出一些独有的特征。

管理者是强制演化控制系统的施控者，员工行为控制的目标和手段都是管理者根据一定的内外部条件确定和实施的。谋求煤矿企业的生产安全是管理者在企业中的立身之本，也与其个人利益密切相关。为此，管理者需要根据煤矿企业一定阶段的安全文化执行情况、企业安全生产现状确定相应的煤矿企业安全文化水平，再根据这种安全文化水平和可能实施的控制手段确定具体的强制演化安全文化控制措施。

行为控制措施的选择和使用是管理者根据对其员工行为的认识做出的决定，建立在对员工行为预测的基础上。但每个员工都是一个具有学习能力的行为主体，并不是简单地对管理者实施的行为控制措施做出反应，而是通过自己的感知和判断，依据不同行为方式的价值做出自己的行为选择。管理者的行为控制措施只能通过影响员工对不同行为方式价值的感知和判断，同时，对员工行为信息的认识又受他自身行为状态的影响。

社会经济文化水平和社会安全需要作为外部因素影响社会安全价值观的形成，社会安全价值观以及煤矿行业的危险特性共同影响企业安全观念。企业拥有了较高的安全观念水平，企业管理者（包括决策者和各级管理者）和员工的安全意识都随之增强。其中企业管理者的安全意识居主导位置，企业管理者安全意识增强，一方面会提高企业的组织承诺度进而提升安全物态水平和安全制度水平，另一方面会增加管理参与度从而促进管理者生产决策行为更加合理和员工安全意识的增强，进而提升安全行为水平。员工安全意识的增强、员工自身安全需要的增加、员工安全工作能力的提升、管理者生产决策管理行为合理，加之以安全物态水平和安全制度水平的提升，六个方面共同作用，使得现场安全作业行为合理程度增加，从而减少每期发生事故的数量，进而又影响安全观念的增强率。

企业的安全制度水平、安全物态水平也会影响企业的现任管理者和继任管理者的安全意识。企业确立了合理有效的安全制度对于管理者生产决策管理行为合理度、员工现场安全作业行为合理程度都会有显著增强。企业的安全行为水平受管理者生产决策管理合理程度和现场安全作业行为合理程度两个因素的影响，同时也反过来影响这两个因素。另外，生产力发展水平会直接影响物态产品的安全性、物态技术的安全可靠性，进而影响安全物态水平的提升。因此，在煤矿企业安全文化方针政策的指引下，管理者实施的各种行为控制措施通过员工和管理者的不断感知和判断，各自相对独立地做出自己的行为选择，形成了煤矿企业的安全文化。

在煤矿企业安全文化的形成过程中，本节认为决定员工行为的是员工对安全价值观的判断，而决定管理者行为的是管理者的安全价值观和安全意识。在强制演化中我们将其具体细化到管理者对不同安全文化措施给企业所带来的不同控制效果的判断（这两者并不矛盾）。因此，管理者的行为目的是通过控制员工的行为实现自己的价值，而员工的行为目的是通过实施具体的行为实现自己的行为价值，两者在安全文化的指引下，在各种行为控制措施的媒介下联系起来，构成了一个相对封闭的控制系统，即煤矿企业安全文化强制演化控制系统。在这个系统中，施控者是管理者，受控对象是员工，控制媒介是管理者实施的各种控制行为和手段。

（3）强制演化中员工的行为系统

在煤矿企业安全文化的建设过程中，员工会受到各种外在因素的刺激或影响，这种刺激或影响通过员工的选择性感知不断引起员工内在认知状态的变化，进而影响员工对各种行为因素的选择和价值判断，决定着他是否对安全文化起到积极的响应和配合。根据第三章的论述，煤矿企业安全文化系统的影响因素很多，包括内部因素和外部因素。在安全文化的强制演化过程中，员工行为可以用员工的行为状态及行为状态变化来描述。员工的行为状态是对员工行为信息的完整描述。在煤矿生产过程中，影响员工行为决策的各种变量会不断刺激员工，使之产生各种行为动机，再经过员工的决策做出各种不同的行为，表现为从一个状态转变到另一个状态，同时影响着煤矿企业安全文化的建设。

由于影响员工行为的最根本因素是员工的内在认知状态因素，本书将其归纳为员工的安全需要、员工的沟通程度、员工的授权程度、员工的教育培训程度和员工的受奖惩程度五方面。这五个因素综合作用的结果在本研究中可以用员工的安全意识水平和实际安全状况水平两个因素来加以概括。基于此，我们将员工的安全意识水平和实际安全状况水平看作是描述员工行为的状态变量。员工行为系统的输出主要是员工从事的安全行为或不安全行为，它是员工通过比较这两种行为的价值后做出行动。员工从事安全行为还是不安全行为，受员工行为系统输入变量和状态变量的影响。

设t时刻员工安全意识水平和实际安全状况水平分别用x_{1t}、x_{2t}表示，管理者分配的工作任务和提出的行为要求、管理者行为的影响（包括他所实施的激励沟通与奖惩措施）、员工接受的安全教育与培训、群体和组织的影响、生产环境中各种因素的刺激分别用$u_{1t} \sim u_{5t}$表示，则员工行为状态具有以下变化规律：

$$x_{1(t+1)} = f_1\left(x_{1t}, x_{2t},\ u_{1t}, u_{2t}, u_{3t}, u_{4t}, u_{5t}, t\right) \tag{5-3}$$

$$x_{2(t+1)} = f_2\left(x_{1t}, x_{2t},\ u_{1t}, u_{2t}, u_{3t}, u_{4t}, u_{5t}, t\right) \tag{5-4}$$

用向量表示的员工行为系统的状态方程为：

$$x(t+1) = f(x(t),u(t),t) \quad （其中f为向量函数） \tag{5-5}$$

员工是按照自身感知的安全文化行为价值大小选择员工自己具体的行为方式的。只有当员工判断安全文化建设行为的价值大于 0 时，他才会选择配合安全文化建设。安全文化建设是最终形成机理的前期工作，我们研究安全文化的形成机理首先要提到其文化建设行为的价值。如果用 $Z(t)=1$ 表示 t 时刻员工选择了配合行为，$Z(t)=0$ 表示 t 时刻员工选择了不配合行为，用 $w(t)$ 表示员工判断安全文化建设行为的价值，则有：

$$\begin{cases} Z(t) = 1, & w(t) > 0 \\ Z(t) = 0, & w(t) \leqslant 0 \end{cases} \tag{5-6}$$

如果这样，知道了员工判断安全文化建设行为的价值，也就知道了员工的具体行为选择。因此可以说，员工选择的具体行为方式与员工判断的安全文化建设行为价值是等价的。在工作过程中，员工对其安全文化建设行为价值的判断受其输入变量和自身行为状态变量的影响，这些影响包括：员工的安全意识水平影响员工的选择性感知，对各种安全文化建设行为价值影响因素的选择性感知和判断。员工的实际安全状况水平也对员工的不配合行为选择产生一定的影响。员工的沟通程度、员工的授权程度、员工的教育培训程度、员工的受奖惩程度和员工的安全需要这五方面因素也都会通过员工的行为状态影响员工对安全文化建设行为价值的判断。

可以将 t 时刻员工判断的安全文化行为价值看作是这些影响因素的函数，即：

$$w(t) = g(x_{1t}, x_{2t}, u_{1t}, u_{2t}, u_{3t}, u_{4t}, u_{5t}, t) \tag{5-7}$$

用向量表示为：

$$w(t) = g(x(t), u(t), t) \tag{5-8}$$

方程（5-8）全面描述了员工的具体行为选择，可以将它看作是员工行为系统的输出方程。

（4）强制演化中管理者的行为系统

管理者运用自己的知识和技能，通过影响和控制员工的行为来完成煤矿企业安全文化系统的建设。在实际工作中，管理者需要不断地了解各种信息，如当前员工的工作环境状态、行为状态等，然后根据这些信息做出各种用于指导员工具体行为的决策。

根据前面章节对煤矿企业安全文化系统影响因素的分析，这里可以将管理者行为系统的输入归纳为：管理者的安全意识、管理参与程度和组织承诺三方面。在煤矿企业安全文化系统的建设过程中，影响管理者行为的最根本因素是管理者的安全意识，包括管理者的心理状态、管理者的知识状态、管理者的技能状态和管理者的工作努力程度四方面。这四个方面综合作用的结果又可以用管理者的工作积极性和工作能力水平这两个变量来概括。因此，本研究将管理者的工作积极性和工作能力水平看作是描述管理者行为的状态变量。同时，根据管理者行为对员工行为影响方式的不同，将管理者实施的安全文化建设行为分为：分配生产任务并提出行为要求、激励沟通与奖惩员工行为、对员工进行安全教育与培训、通过创建群体与组织氛围四种方式。

设 t 时刻管理者的工作积极性和工作能力水平分别用 $y_{1t} \sim y_{2t}$ 表示，管理者的安全意识、管理者组织承诺度、管理参与程度、管理沟通系统分别用 $v_{1t} \sim v_{4t}$ 表示，则管理者的行为状态具有以下变化规律：

$$y_{1(t+1)} = h_1\left(y_{1t}, y_{2t}, \quad v_{1t}, v_{2t}, v_{3t}, v_{4t}, \quad t\right) \tag{5-9}$$

$$y_{2(t+1)} = h_2\left(y_{1t}, y_{2t}, \quad v_{1t}, v_{2t}, v_{3t}, v_{4t}, \quad t\right) \tag{5-10}$$

用向量表示管理者行为系统的状态方程为：

$$y(t+1) = h(y(t), v(t), t) \quad \text{（其中 } h \text{ 为向量函数）} \tag{5-11}$$

管理者行为系统的输出主要是管理者可能实施的安全文化建设行为，主要包括：分配生产任务并提出行为要求、激励沟通与奖惩员工行为、对员工进行安全教育与培训、通过创建群体与组织氛围影响员工行为，与员工行为系统相同，分别用 $u_{1t} \sim u_{4t}$ 表示。因此，可以将管理者行为系统的输出方程记为：

$$u_{1t} = h_1'\left(y_{1t}, y_{2t}, \quad v_{1t}, v_{2t}, v_{3t}, v_{4t}, \quad t\right) \tag{5-12}$$

$$u_{2t} = h_2'\left(y_{1t}, y_{2t}, \quad v_{1t}, v_{2t}, v_{3t}, v_{4t}, \quad t\right) \tag{5-13}$$

$$u_{3t} = h_3'(y_{1t}, y_{2t}, \quad v_{1t}, v_{2t}, v_{3t}, v_{4t}, \quad t) \qquad (5-14)$$

$$u_{4t} = h_4'(y_{1t}, y_{2t}, \quad v_{1t}, v_{2t}, v_{3t}, v_{4t}, \quad t) \qquad (5-15)$$

用向量表示管理者行为系统的输出方程为：

$$u'(t) = k'(y(t), v(t), t) \qquad (其中k'为向量函数) \qquad (5-16)$$

上述行为状态方程和输出方程构成了对管理者行为系统的完全描述。

（5）强制演化的控制系统中管理者最优控制行为选择

根据员工和管理者在煤矿企业安全文化强制演化过程中的行为分析，研究得出，煤矿企业安全文化在强制演化的行为控制系统状态方程由两个方程构成，即

$$x(t+1) = f(x(t), u(t), t) \qquad (5-17)$$

$$y(t+1) = h(y(t), v(t), t) \qquad (5-18)$$

煤矿企业安全文化强制演化行为控制系统模型记为：

$$\begin{cases} \max \sum_{t=1}^{n} w(t) = \sum_{t=1}^{n} g(x(t), y(t), u_{5t}, v_{1t}, v_{2t}, v_{3t}, v_{4t}, t) \\ s.t \quad x(t+1) = f(x(t), u(t), t) \\ \qquad y(t+1) = h(y(t), v(t), t) \end{cases} \qquad (5-19)$$

从行为控制系统中可以看出，管理者的安全意识、管理者组织承诺度、管理参与程度、管理沟通系统等因素对员工的刺激是影响员工行为的外部输入变量，而管理者的行为控制变量是影响员工行为选择的内部变量。因此，管理者的行为控制变量虽然是影响员工行为的重要因素，但是对员工行为起最终影响作用的是行为控制系统的外部输入变量。

在完全信息情况下，员工判断的安全文化建设行为价值$w(t)$。对于所有人来说都是已知的，管理者知道员工的这个安全文化建设行为价值为$w(t)$，同时也知道员工是按照这个价值的多少确定其最终行为方式的。因此，管理者只能根据这个价值进行行为控制措施的选择，管理者的行为状态对其行为决策没有影响。

针对员工个体，管理者的安全管理目标是通过实施各种行为控制措施，将员工判断的安全文化建设行为价值尽可能地提高，此时对管理者来说，安全文化建

设的强制演化就是寻求最优行为控制措施$u_{1t},u_{2t},u_{3t},u_{4t},u_{5t}(t=1,2,\dots,n)$，即：

$$\begin{cases} \max \sum\limits_{t=1}^{n} Z(t) \\ s.t \quad x(t+1)=f(x(t),u(t),t) \end{cases} \quad （5-20）$$

当管理者的控制资源在不同时刻进行相互转移时，使员工判断的安全文化行为价值在一段时间内的总数量最大化等价于其在每一时刻的价值最大化，即$\max \sum\limits_{t=1}^{n} Z(t) \cong \max w(t)$（当$t=1,2,\dots,n$）。也就是说，管理者只有在每一个时刻都努力使员工的安全文化建设行为价值提升，这也是煤矿企业安全文化形成的前提条件，只有这样才能保证一段时间内强制演化起到较好的效果，即$\max w(t)$（当$t=1,2,\dots,n$）$\cong \max \sum\limits_{t=1}^{n} w(t)$。

因此，上述命题等价于：

$$\begin{cases} \max \sum\limits_{t=1}^{n} w(t)=\sum\limits_{t=l}^{n} g(x(t),u(t),t) \\ s.t \quad x(t+1)=f(x(t),u(t),t) \quad t=1,2,\dots,n \end{cases} \quad （5-21）$$

对上述系统构造哈密尔顿函数：

$$H(x(t),u(t),\lambda(t+1),t)=g(x(t),u(t),t)+\lambda(t+1)f(x(t),u(t),t) \quad （5-22）$$

根据离散时间动态系统极值原理，上述系统的极值的必要条件为：控制措施应该使哈密尔顿函数取极值，当控制措施没有约束时有：

$$\begin{cases} \dfrac{\partial H}{\partial u}=\dfrac{\partial g}{\partial u}+\lambda(t+1)\dfrac{\partial f}{\partial u}=0 & t=0,1,2,\dots,T-1 \\[2mm] \lambda(t)=\dfrac{\partial g}{\partial x}+k(t+1)\dfrac{\partial f}{\partial x} & t=0,1,2,\dots,T \\[2mm] x(t+1)=f(x(t),u(t),t) & x(0)\text{为给定初值} \end{cases} \quad （5-23）$$

上式说明，在控制资源没有约束的条件下，管理者的最优行为选择是应该充分运用各种行为控制措施，使每种行为控制措施对哈密尔顿函数的边际效应都为0。因为在边际效应都为0的情况下，哈密尔顿函数所解的控制措施最有效。同理可知，当管理者的控制资源有约束的条件下，管理者的最优行为选择是应该使各种行为控制措施对哈密尔顿函数的边际效应相等，边际效应小的措施不予使用。

而在不完全信息条件下，由于信息不对称，管理者有可能做出有利于自己、不利于企业的行为选择，即管理者在多大程度遵照企业利益进行行为选择上存在着一定的决策空间。另外，即使管理者愿意遵照企业的长远发展进行安全文化的控制措施选择，他的决策依据也是自己的知识和经验。此时，员工感知的安全文化建设行为价值为$y(t)$，并按照这个价值选择自己的行为方式，管理者则按照自己估计的不同控制措施的控制效果选择不同的控制措施。管理者的控制行为选择要受到管理者自身行为状态和各种外界因素的影响。

根据管理者的安全文化建设职责。对管理者来说，不同控制措施需要自己投入的资源是不同的，能够给他带来的利益也是不同的。因此，他需要对各种控制措施的资源投入和可能带来的收益进行比较和权衡，并根据一定的原则进行控制行为选择。

管理者是通过实施各种行为控制措施来影响员工的行为选择的，但是管理者在实施这些行为控制措施时又会受到其自身行为因素的影响。管理者的这些行为对其行为选择的影响最终体现在他对员工安全文化建设行为价值的估计上。在从事行为控制措施的决策时，管理者需要估计不同行为控制措施对员工安全文化建设行为价值的影响，据此选择具体的行为控制措施。而这种估计会受到管理者工作中多种因素，包括管理者的安全意识、管理者组织承诺度、管理参与程度、管理沟通系统等因素的影响。

上述几方面因素的影响在本研究中最终体现在管理者的工作积极性和工作能力两方面，这与第三章中所列出的影响因素和解释结构因素关系图是对应的。可以将在一定工作积极性和工作能力状态下管理者估计的员工安全文化建设行为价值记为：

$$w'(t) = g'(y_{1t}, y_{2t}, v_{1t}, v_{2t}, v_{3t}, v_{4t}, x_{1t}, x_{2t}, u_{1t}, u_{2t}, u_{3t}, u_{4t}, u_{5t}, t) \tag{5-24}$$

用向量表示为：

$$w'(t) = g'(y(t), v(t), x(t), u(t), t) \tag{5-25}$$

管理者是根据各行为控制措施的实际控制效果，即对员工安全文化建设行为价值的影响进行其行为选择的。此时对管理者来说，其员工行为的控制问题就是寻求最优行为控制措施$u_{1t}, u_{2t}, u_{3t}, u_{4t}, u_{5t} (t = 1, 2, \ldots, n)$，也就是寻求下列问题的最优解：

$$
\begin{cases}
\max \sum_{t=1}^{n} Z'(t) \\
s.t \quad y(t+1) = h(y(t), v(t), t) \\
\quad\quad x(t+1) = f(x(t), u(t), t)
\end{cases}
\quad (5\text{-}26)
$$

同理，该问题等价于：

$$
\begin{cases}
\max \sum_{t=1}^{n} w'(t) = \sum_{t=l}^{n} g'(y(t), v(t), x(t), u(t), t) \\
s.t \quad y(t+1) = h(y(t), v(t), t) \\
\quad\quad x(t+1) = f(x(t), u(t), t)
\end{cases}
\quad (5\text{-}27)
$$

同样地，可以根据离散时间动态系统极值原理求解上述系统的极值条件。首先对上述系统构造哈密尔顿函数：

$$
\begin{aligned}
&H(y(t), v(t), x(t), u(t), \lambda_1(t+1), \lambda_2(t+1), t) = \\
&g'(y(t), u(t), x(t), u(t), t) + \lambda_1(t+1) f(x(t), u(t), t) + \lambda_2(t \times 1) h(y(t), v(t), t)
\end{aligned}
\quad (5\text{-}28)
$$

上述系统的控制措施应该使该哈密尔顿函数取极值，当控制措施没有约束时有，该哈密尔顿函数取极值的必要条件是：

$$
\begin{cases}
\dfrac{\partial H}{\partial u} = 0 & t = 0, 1, 2, \ldots, T-1 \\[2mm]
\dfrac{\partial H}{\partial v} = 0 & t = 0, 1, 2, \ldots, T-1 \\[2mm]
\lambda_t(1) = \dfrac{\partial H}{\partial x} & t = 0, 1, 2, \ldots, T-1 \\[2mm]
\lambda_2(1) = \dfrac{\partial H}{\partial y} & t = 0, 1, 2, \ldots, T-1 \\[2mm]
x(t+1) = f(x(t), u(t), t) & x(0) \text{为给定初值} \\[2mm]
y(t+1) = f(y(t), v(t), t) & y(0) \text{为给定初值}
\end{cases}
\quad (5\text{-}29)
$$

以上六个方程中，未知变量为$y, v, x, u, \lambda_1, \lambda_2$，共计 29 个。解这个方程组可以确定最优控制措施$u(t)$，此即为不完全信息条件下管理者的最佳行为选择。

可以将哈密尔顿函数取极值的必要条件看作由两个部分组成，即管理者自身行为的最优控制和员工行为的最优控制。上述方程组的第 1、3、5 个方程构成了管理者对员工行为的最优控制措施 $u(t)$，控制目标函数是员工安全文化建设行为价值的最大化；而第 2、4、6 个方程构成了管理者对自身行为的最优控制 $v(t)$，控制的目标也是员工安全文化建设行为价值的最大化。只有当这两者的最优控制行为同时满足时，上述不完全信息条件下的管理者最佳行为选择才能实现。

为了便于与完全信息条件下管理者最佳行为选择的比较分析，以下假设管理者估计的员工安全文化建设行为价值函数可以写成如下形式：

$$w'(t) = g'(y(t), v(t), g(x(t), u(t), t), t)$$

此时管理者的最佳行为选择 $u(t)$ 取决于下列问题的最优解：

$$\begin{cases} \max \sum_{t=1}^{n} w'(t) = \sum_{t=l}^{n} g'(y(t), v(t), g(x(t), u(t), t), t) \\ s.t \quad y(t+1) = h(y(t), v(t), t) \\ x(t+1) = f(x(t), u(t), t) \end{cases} \tag{5-30}$$

对上述系统构造哈密尔顿函数：

$$\begin{aligned} &H(y(t), v(t), x(t), u(t), \lambda_1(t+1), \lambda_2(t+1), t) = \\ &g'(y(t), v(t), g(x(t), u(t), t) + \lambda_1(t+1) f(x(t), u(t), t) + \lambda_2(t \times 1) h(y(t), v(t), t) \end{aligned} \tag{5-31}$$

该哈密尔顿函数取极值的必要条件是：

$$\begin{cases} \dfrac{\partial H}{\partial u} = \dfrac{\partial g'}{\partial g} \dfrac{\partial g}{\partial u} + \lambda_1(t+1) \dfrac{\partial f}{\partial u} = 0 \quad t = 0, 1, 2, \dots, T-1 \\[2mm] \lambda_1(t) = \dfrac{\partial g'}{\partial g} \dfrac{\partial g}{\partial x} + \lambda_1(t+1) \dfrac{\partial f}{\partial x} \quad\quad t = 0, 1, 2, \dots, T-1 \\[2mm] x(t+1) = f(x(t), u(t), t) \quad x(0) \text{为给定初值} \\[2mm] \dfrac{\partial H}{\partial v} = \dfrac{\partial g'}{\partial v} + \lambda_2(t+1) \dfrac{\partial h}{\partial v} = 0 \quad t = 0, 1, 2, \dots, T-1 \\[2mm] \lambda_2(t) = \dfrac{\partial g'}{\partial v} + \lambda_2(t+1) \dfrac{\partial h}{\partial y} \quad\quad t = 0, 1, 2, \dots, T-1 \\[2mm] y(t+1) = h(y(t), v(t), t) \quad y(0) \text{为给定初值} \end{cases} \tag{5-32}$$

解此方程组可得管理者的最佳控制行为选择 $u(t)$。

（6）强制演化的控制论解释

根据上文的分析，可以看出对管理者的行为激励和约束必须以行为控制系统的输出为依据。能够用来影响管理者行为的输入变量主要有煤矿企业安全文化建设的支持度和管理者的激励等，因此管理者行为的最优激励问题就是确定控制输入 v_{1t}，v_{2t} 求解下列极值问题：

$$\begin{cases} \max w(t) = g''(x(t), y(t), u_{5t}, v_{1t}, v_{2t}, v_{3t}, t) \\ s.t \quad x(t+1) = f(x(t), u(t), t) \\ \quad\quad y(t+1) = h(y(t), v(t), t) \end{cases} \quad （5-33）$$

首先对上述系统构造哈密尔顿函数：

$$\begin{aligned} H = g''(x(t), y(t), u_{5t}, v_{1t}, v_{2t}, v_{3t}, t) + \\ \lambda_1(t+1)f(x(t), u(t), t) + \lambda_2(t \times 1)h(y(t), v(t), t) \end{aligned} \quad （5-34）$$

使该哈密尔顿函数取极值的控制输入条件就是管理者行为的最优激励条件。当控制措施没有约束时，该条件为：

$$\begin{cases} \dfrac{\partial H}{\partial v_1} = 0 \quad t = 0, 1, 2, \ldots, T-1 \\[2mm] \dfrac{\partial H}{\partial v_2} = 0 \quad t = 0, 1, 2, \ldots, T-1 \\[2mm] \lambda_1(t) = \dfrac{\partial H}{\partial x} \quad t = 0, 1, 2, \ldots, T-1 \\[2mm] \lambda_2(t) = \dfrac{\partial H}{\partial y} \quad t = 0, 1, 2, \ldots, T-1 \\[2mm] x(t+1) = f(x(t), u(t), t) \quad x(0)为给定初值 \\[2mm] y(t+1) = f(y(t), v(t), t) \quad y(0)为给定初值 \end{cases} \quad （5-35）$$

影响该哈密尔顿函数的输入变量很多，包括管理者行为系统的输入变量 $v(t)$ 和员工行为系统的输入变量 $u(t)$，煤矿企业安全文化建设的支持度和管理者的激励只是其中的两个变量，它们作为影响管理者行为的输入变量在方程中出现。这说明，上述哈密尔顿函数取极值还要取决于行为控制系统的内部输入变量。同时也说明，不能仅通过调节煤矿企业安全文化建设的支持度和管理者的激励这两个变量来激励和约束管理者行为达到安全文化强制，还必须对行为控制系统内部的各输入变量加以影响或控制。可见，在完全信息条件下，管理者的行为状态并不影响他的行为选择，其最优行为选择是合理使用各种控制资源，使各资源的边际效应相等，进行煤矿企业安全文化的强制演化过程。在不完全信息条件下，管理者的行为选择由于受自身行为因素的影响，其实际选择的最优控制行为将偏离理论上的最优控制行为选择。

根据强制演化的控制论解释，可以看出，强制演化就是企业管理者首先确定安全观念，接着强制建设体现本企业安全观念的安全制度、安全行为和安全物态，最终形成体现本企业安全价值观的煤矿企业安全文化系统。

在强制演化的情况下，企业领导往往会通过安全观念的确立，制定安全制度，规范安全行为，设置安全物态，强迫建立起煤矿企业安全文化。这一由上而下形成煤矿企业安全文化的过程就是强制演化的过程。演化理论认为，系统的演化过程，既带有随机性又具有系统性；既有一定的不确定性，又在很大程度上带有因果性。

2. 基于自组织理论的自然演化

（1）安全文化形成系统自组织演化规律的描述

基于自然演化的自组织演化是安全文化形成系统中由非线性所导致的复杂性行为的集中表现，也是该系统适应环境变化的根本机制。在自组织演化的动态过程中，系统内部通过相互作用形成一定的规律来适应安全文化的环境，并将环境的变化反馈到系统内部，以改善系统内部的基本组成成分并增强系统学习和适应环境的能力。随着时间的推移，安全文化的自然演变过程中，系统的状态、特性、结构和功能都会发生转换和升级。可以说，安全文化形成系统的自组织演化方向是内生的，即由系统本身的状态来决定，而不以人的主观意志为转移。根据这一论述，安全文化形成系统自组织演化就是该系统内部作为非线性并远离平衡态的开放系统，在外界条件达到一定值时，通过系统内部各组成部分之间的相互作用，从原来无序状态转变为一种在时空或者功能上的有序状态的动态过程。

煤矿企业员工在工作之初并不知道什么是安全文化，也未树立安全观念，他们并不知道怎样做是最有效率的，但是随着时间的推移，工作的重复进行，他们逐渐从中找到一种比较有效的方式。通过团队学习，久而久之，则有了一种重复的工作行为，对于在组织中应该怎么做，不能做什么有了自己的体会和看法。当某种解决问题的方式可以持续有效地解决问题时，该解决之道被视为理所当然。它起初只是被推论或价值观所支持着，后来则逐渐不容置疑地成为真理，而人们在不知不觉中也认为这是解决问题最理想的方法，于是安全观念树立并深入人心。企业安全文化的自然演化是一个内生态过程，企业通过自然演化所形成的价值取向、安全观念最终还要受到内外部环境的影响。

煤矿企业安全制度水平会影响安全管理决策的合理，进而影响对行为的要求是否合理，从而影响事故的发生。事故的发生使人们认识到安全的重要性，从而树立安全观念。安全行为水平的提高会减少事故，从而使人们树立正确的安全观念。同样地，不安全行为的发生使事故增加，让人们警觉缺少安全观念的损失。而事故的发生主要是由人的不安全行为和物的不安全状态导致的，所以，安全物态水平低，直接表现为安全环境差，影响人们的安全行为，导致事故发生，促使人们树立安全观念。这些可以看作是自组织演化的动力来源、基本条件、演化途径、演化方式、演化前景等的前提。

上述是煤矿企业安全文化自然演化的过程。自然演化是员工在共同劳动过程中逐渐形成和发展变化的，是通过员工的互动和学习的结果。安全文化的自然演化过程强调企业员工自身的主导作用，在组织的分工协作过程中通过个体和群体的学习导致企业安全文化的形成和发展，它是一种由下而上的作用机制。

归根结底，安全文化形成系统自组织演化是在内力和外力的共同作用下完成的。内力是促进系统自组织演化的主要因素，它在很大程度上决定着系统的演化方向和演化结果；外力是系统自组织演化的辅助因素，它所起的作用是为系统的形成以及新的有序结构演化提供促发动力。

（2）自然演化的基本原理

处于开放条件下的煤矿企业安全文化系统，是在多重反馈回路作用下的复杂系统。该系统的结构、模式和形态，以及它们所呈现的特性和功能，都不是系统的组成成分所固有的，而是系统自组织演化的产物，是通过系统内的各个企业主体相互作用而在整体上突现（涌现）出来并自下而上自发产生的机制。煤矿企业安全文化系统的自然演化存在着两种可能的趋势：一种是从混沌无序状态演变成稳定的有序结构；另一种是从有序结构转变为无序状态或者再变迁为新的有序结构。从自组织理论的观点看，煤矿企业主体之间的协同力主要以下面的力学公式为基础：

$$F = \left(F_1 + F_2 + 2F_1F_2\cos Q\right)^{1/2} \qquad (5\text{--}36)$$

按照这一公式，当自然演化中两个主体间力的方向相同时，即有 $Q=0$，$\cos Q=1$，$F=F_1+F_2$ 时，说明合力的方向与两个力的方向一致且合力最大；当两个力的方向相反时，即 $Q=180°$，$\cos Q=-1$，$F=F_1-F_2$ 时，说明合力的大小等于两个力的大小之差，方向与两个力中较大的力的方向相同；如果 F_1 和 F_2 的大小相等，合力便为 0。

将这一力学规律引入自然演化系统，必然得出这样一个结论：只有煤矿企业安全文化系统中各个主体的目标一致，或者说它们之间建立了共同的发展目标，才有可能保证系统动态协调发展秩序的形成。煤矿企业安全文化系统的自然演化动态协调发展，既是相互催化作用的结果，又是煤矿企业安全文化本身加速发展的内在要求。

自然演化是企业安全文化系统内的主体在发展过程中彼此的和谐性，这种和谐性的程度称为和谐度。协同作用和协同程度决定了系统在到达临界区域时有序性和结构的走向，决定了系统由无序走向有序的趋势。企业安全文化系统中的状态变量很多，无法逐一加以描述。在自组织过程中，自然演化的各状态变量之间紧密相连、相互影响。自组织过程就是各状态变量相互作用，形成一种统一"力量"，从而使系统发生质变的过程。通过研究发现，在描述煤矿企业安全文化系统的众多状态变量中，存在某一个或几个变量，在系统处于无序状态时其值为零；随着系统由无序向有序转化，这类变量从零向正有限值变化或由小向大变化。我们可以用这些变量来表示系统的有序程度，并称其为序参量。序参量与描述协同竞争系统状态的其他变量相比，随时间变化缓慢，可称其为慢变量；而其他状态变量数量多，随时间变化的速度也快。

（3）安全文化自然演化中执行力的自组织模型

煤矿企业安全文化就是在企业系统经过有效地自组织演进和互动过程，使这个系统产生了特有的新质，具有自觉适应环境而不断自我更新和自我发展的功能机制。正因为如此，煤矿企业安全文化表现为独特性、难以模仿和替代性以及历史的路径依赖性，形成一种不同的特质。在现代经济运行中，煤矿企业安全文化意味着在特定的生存发展环境中取得和维持企业安全生产优势的关键。安全文化生成于企业自组织运动、相互协同和自我组织、自我发展的内在机制，这种文化一旦形成，它的演进就具有惯性和路径依赖。因此，煤矿企业在形成安全文化时必须充分认识安全文化的自组织性、互动性和演进不确定性这些特征，将安全文化落实到企业实处。

煤矿企业安全文化的形成是企业内部的一个内生过程，外部环境对煤矿企业的影响是一致的。这里我们构建一个煤矿企业安全文化执行力的形成模型，如图5-4所示。

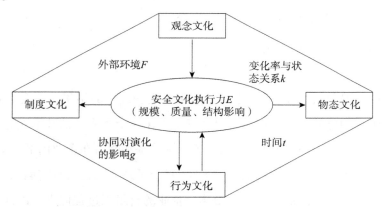

图 5-4 煤矿企业安全文化执行力形成模型关联图

假设外部环境的作用力大小是恒定的，其变化是随机的，而不是针对个别企业发生作用的改变而改变。基于此，安全文化可以被看作是煤矿企业系统内部的自组织运动过程，其形成和演化是系统内部不同基本子系统间相互作用的结果。利用协同学自组织原理在假定外部环境作用力恒定条件下，建立煤矿企业安全文化的描述模型。在这个模型中，将煤矿企业安全文化建设作为管理深层次的关键来抓，即所谓安全文化的执行力，指的是贯彻煤矿企业安全文化战略意图，完成安全文化建设预订目标的操作能力。它是煤矿企业竞争力的核心，是把企业战略、规划转化成为效益、成果的关键。它是一个系统，其中又包括观念文化子系统、行为文化子系统、物态文化子系统和制度文化子系统。安全文化执行力的自组织运动模型如下：

$$dE / dt = -kE + g(p1, p2, p3, p4) + Ft$$
$$dp_i / dt = -k_i p_i + g_1(p1, p2, p3, p4) \quad (i = 1, 2, 3, 4)$$

（5-37）

式中，$p1, p2, p3, p4$ 分别表示观念文化子系统、行为文化子系统、物态文化子系统和制度文化子系统；

E—煤矿企业安全文化的执行力；

k—E的变化率与原有状态的关系；

k_i—p_i的变化率与原有状态的关系；

g—所有子系统的协同对核心竞争力演化的影响；

g_i—各子系统的协同作用对p_i演化的影响；

F—恒定的外部环境作用力；

t—时间。

模型中，dE/dt 表示煤矿企业安全文化形成和演化的结果，它受企业自身前期状态的影响和外部环境的作用，更受安全文化四个子系统的基本能力的协同作用的影响；(5-37)式二中则分别表明各子系统的基本能力在企业内部的演化过程，它描述了企业系统内部的自组织作用机理。每个子系统既受自身前期状态的影响，也受所有子系统能力的协同作用的影响。企业的自组织过程促进了内部子系统基本能力的演化，也促使了安全文化的形成；而每个子系统基本能力的演化又促进了其他子系统基本能力的演化，形成了相互促进、相互影响、互为因果的关系。煤矿企业安全文化正是在这种相互影响、相互促进中形成和演化。因此，煤矿企业安全文化形成和演化，是安全文化系统通过企业内部各子系统基本能力的自组织运动过程，从原有的结构功能改变为新的结构功能的结果。

安全文化的自然演化过程是不可逆的，即系统状态随时间的变化不可能自发地、无后效地逆转。或者说自然演化具有某种确定的方向，即具有从一种状态必然达到另一种状态的趋势。根据普利高津（Prigogine）的耗散结构理论，有：

$$ds = ds_e + ds_i$$

（5-38）

当系统与环境间熵的交换，如 ds_e（负熵）的绝对值大于系统内部熵的增加时，即：

$$|\,\mathrm{d}s_e\,| > \mathrm{d}s_i \tag{5-39}$$
$$\mathrm{d}s_i \geqslant 0$$

有
$$\mathrm{d}s = \mathrm{d}s_e + \mathrm{d}s_i < 0 \tag{5-40}$$

式（5-40）关于时间 t 求导，有

$$\frac{\mathrm{d}s}{\mathrm{d}t} = \frac{\mathrm{d}s_e}{\mathrm{d}t} + \frac{\mathrm{d}s_i}{\mathrm{d}t} < 0 \tag{5-41}$$

在式（5-41）中，称 $\dfrac{\mathrm{d}s_e}{\mathrm{d}t}$ 为负熵流，称 $\dfrac{\mathrm{d}s}{\mathrm{d}t}$ 为系统熵减流。$\dfrac{\mathrm{d}s}{\mathrm{d}t}$ 的大小决定了系统演化的速度。$\left|\dfrac{\mathrm{d}s}{\mathrm{d}t}\right|$ 越大，系统演化的速度就越快。

显然，安全文化的自然演化系统是一个有势系统，正是这种"势"的存在，形成了安全文化的自然演化过程。在这个系统中，"势"的大小取决于煤矿企业安全文化演化过程中给企业自身所带来的超额收益的大小（当然，这种超额收益分为显性和隐性两个方面），其中，这种收益在企业中各个环节分配的公平性也在一定程度上影响"势"的存在。因此，自然演化系统的"势"决定了企业主体之间的协同竞争程度必然会随着时间的推移而逐步变动，最终达到某种稳定状态。

（4）演化机理

煤矿企业安全文化系统演化的核心是观念文化。强制演化和自然演化的根本区别在于是先确定强制安全观念还是最后自然形成安全观念。煤矿企业安全观念的核心是企业安全价值观，可以说，煤矿企业安全文化系统的形成就是煤矿企业安全价值观的确立，以及体现安全价值观的安全制度、安全行为和安全物态的形成。企业安全价值观首先影响企业的制度和员工的行为习惯，如果多数员工认为某种行为正确，他们会多次实施这种行为，并最终变成习惯，新员工会受到同化而下意识接受这些习惯。企业制度对员工的行为具有强制性的约束力，企业内部已有的习惯对员工行为具有非强制性的约束力和引导作用。

综上所述，煤矿企业安全文化水平的提升核心是安全观念体系的演化，安全观念水平的提升。安全制度水平、安全行为水平和安全物态水平围绕安全观念水平相互影响，最终提升煤矿企业安全文化水平。

四、煤矿企业安全文化系统机理总结

本章在界定煤矿企业安全文化概念基础上，从知识、系统经济学和自组织理论的角度对煤矿企业安全文化形成机理进行了研究。分析了煤矿企业安全文化发展特征，煤矿企业安全文化系统构成要素及其相互关系，从内外因和演化路径出发，对煤矿企业安全文化形成机理进行了深入剖析，为研究安全文化形成机理的系统动力学和仿真做了理论铺垫。

第六章 煤矿企业安全文化形成机理的动力学建模与仿真

煤矿企业安全文化是一个复杂的系统。要合理地构建煤矿企业安全文化体系，需要在安全文化形成机理的理论分析基础上，通过构建动力学模型来研究系统内部的相互作用和影响，并在此基础上进行仿真，从而揭示煤矿企业安全文化在关键因素的影响和相互作用下的形成机理，为煤矿企业安全文化体系的构建打下良好的基础。

第一节 建模目的

煤矿企业安全文化的形成受诸多因素的影响，通过前面的研究得出，煤矿企业安全文化的影响因素有安全意识、安全事故、员工安全需要、组织承诺、管理参与、奖励系统、沟通系统、教育培训系统等内部因素和社会安全价值观、社会安全需要、煤矿行业特点、国家安全法规等外部因素。此外，煤矿企业安全文化是以煤矿企业安全观念为核心的，安全制度、安全行为与安全物态围绕安全观念相互影响交错融合的系统。

本书选取由安全观念系统、安全物态系统、安全制度系统和安全行为系统构成的安全文化系统进行动力学建模与仿真。在煤矿企业安全文化的形成过程中，安全观念系统、安全物态系统、安全制度系统和安全行为系统十分复杂。如何从众多的影响因素中屏蔽掉无法控制的影响因素，只研究可以实施控制的影响因素，并且观察这些控制因素的实际控制效果，对于构建煤矿企业安全文化，从而提高煤矿企业安全管理水平具有十分重要的意义。

系统动力学（System Dynamics，SD）是美国麻省理工学院斯隆管理学院福瑞斯特（Forrester）教授于 20 世纪 60 年代初提出的一种研究复杂系统的方法。系统动力学是在系统论、控制论的基础上发展起来的一种结构仿真技术，特别适宜于研究信息反馈系统、功能与行为之间动态的辩证统一关系，具有解决高阶次、非线性、多重反馈复杂系统的能力。系统动力学强调一种反馈机制，在建模前首要考虑的是影响煤矿企业安全文化形成的各种因素及其反馈机制，按照系统动力学建模原理和方法构建相应的模型，从而分析煤矿企业安全文化形成的合理路径。

本章通过构建煤矿企业安全文化形成的 SD 模型，研究煤矿企业安全文化各种形成路径的效果，为煤矿企业构建安全文化提供理论基础和政策建议。建模目的如下。

（1）研究在外部环境不变的条件下，安全文化的形成变化过程以及各构成要素水平提升的难易程度。

（2）研究揭示煤矿企业安全文化的不同形成路径对安全文化水平及其构成要素间的影响。

（3）研究揭示我国煤矿企业安全文化的最有效形成路径。

因此，动力学建模是对于煤矿企业安全文化的现状，为了某个特定目的，做出一些必要的简化和假设，运用适当的数学工具得到一个系统动力学模型。它是利用数学语言（符号、式子与图像）模拟安全文化形成的模型，把现实模型抽象、简化为某种数学结构，并且能预测对象的未来状况，提供处理煤矿企业安全文化的最优决策或控制形成路径。

第二节　建模原理

社会经济文化水平和社会安全需要作为外部因素影响社会安全价值观的形成，社会安全价值观以及煤矿行业的危险特性共同影响煤矿企业安全观念的增强率。企业安全观念增强率提高，煤矿企业的安全观念水平会随之提高。企业拥有了较高的安全观念水平，管理者（包括决策者和各级管理者）和员工的安全意识都会随之增强。管理者安全意识增强后，一方面会提高企业的组织承诺度进而提升安全物态水平和安全制度水平；另一方面会增加管理参与度从而促进管理者生产决策行为更加合理和员工安全意识的增强，进而提升安全行为水平。员工安全意识增强、员工自身安全需要的增加、员工安全工作能力提升、管理者生产决策管理行为合理，加上安全物态水平和安全制度水平的提升，六个方面共同作用，使得现场安全作业行为合理程度得到提升，从而减小每期发生事故的可能性，进而影响安全观念的改变率。企业的安全制度水平、安全物态水平也会影响企业的现任管理者和继任管理者的安全意识。另外，企业确立合理有效的安全制度对于管理者生产决策管理行为合理度、员工现场安全作业行为合理程度都会有显著提升。

企业的安全行为水平受管理者生产决策管理合理程度和现场安全作业行为合理程度两个因素的影响，它们相互影响，形成闭合的回路。

此外，生产力发展水平会直接影响物态产品的安全性、物态技术的安全可靠性，进而影响安全物态水平的提升。

第三节　重要反馈回路跟踪及性质分析

考察煤矿企业安全文化形成机理是本书构建系统动力学模型的主要目的，因此分析模型系统中的一些反馈回路十分重要。模型系统中的重要反馈回路如下。

流经安全观念水平的反馈回路有 18 条，有以下四条主线。

（1）安全观念水平—企业管理者安全意识—安全物态水平—现场安全作业行为合理程度—每期发生事故可能性—安全观念水平。

（2）安全观念水平—企业管理者安全意识—安全制度水平—管理者生产决策管理行为合理度，现场安全作业行为合理程度—每期发生事故数量—安全观念水平。

（3）安全观念水平—企业管理者安全意识—管理参与度—员工安全意识—现场安全作业行为合理程度—每期发生事故数量—安全观念水平。

（4）安全观念水平—员工安全意识—现场安全作业行为合理程度—每期发生事故数量—安全观念水平。

通过安全物态水平的路径有 6 条，有以下两条主线。

（1）安全物态水平—企业管理者安全意识—组织承诺度—企业安全生产的物质保障—安全物态水平。

（2）安全物态水平—企业管理者安全意识—组织承诺度—安全制度水平—安

全物态水平。

通过安全制度水平的反馈回路有 6 条，有以下两条主线。

（1）安全制度水平—企业管理者安全意识—组织承诺度—安全制度水平。

（2）安全制度水平—安全物态水平—企业管理者安全意识—组织承诺度—安全制度水平。

通过安全行为水平的反馈回路主要有以下两条。

（1）安全行为水平—管理者生产决策行为合理度—安全行为水平。

（2）安全行为水平—现场安全作业行为合理程度—安全行为水平。

一些重要变量之间的具体反馈回路及反馈关系情况如图 6-1 所示。

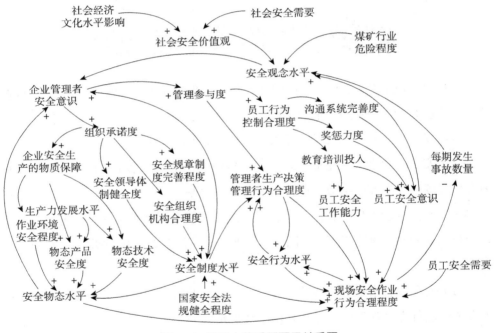

图 6-1　模型中的重要因果关系图

第四节　系统流图及重要变量关系的确定

煤矿企业安全文化系统是由安全观念文化、安全物态文化、安全制度文化和安全行为文化四个方面构成，同企业内部的管理、生产行为，彼此影响、彼此制约和促进而形成的。

煤矿企业安全文化形成机理的动力学模型包括四个状态变量：安全观念文化水平、安全物态文化水平、安全制度文化水平和安全行为文化水平；此外还包括四个决策变量：安全观念的改变率、安全物态水平的提升率、安全制度的完善率、安全行为水平的提升率。

煤矿企业的安全观念水平受到若干因素的影响，包括社会经济文化水平、社会安全需要、社会安全价值观、煤矿行业危险程度、安全事故等因素的影响；安全物态水平受到生产力发展水平、管理者安全意识、组织承诺度、安全制度水平等因素的影响；安全制度水平受到组织承诺度、国家关于煤矿行业的安全法规健全度等因素的影响；安全行为水平受到安全意识、员工安全需要、管理参与度、安全制度水平、安全物态水平等因素的影响。此外，系统中还包括其他一些因素，如控制行为选择等，这些都是模型中的重要变量。它们之间有的彼此独立，有的具有强相关性，将其引入模型中，并阐述它们之间的相互作用关联，可以得到煤矿企业安全文化形成的系统动力学模型流图如图6-2所示。

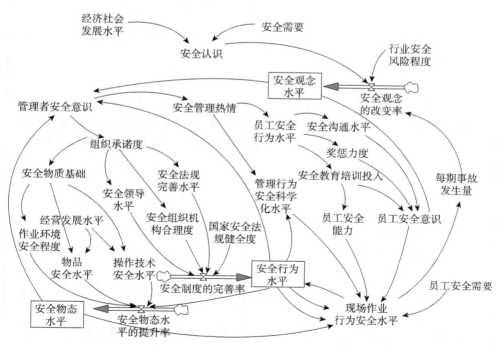

图6-2　煤矿企业安全文化形成系统流图

由以上建立的煤矿企业安全文化形成系统的动力学模型可知，煤矿企业的安全文化系统除了受到安全意识、安全事故、员工安全需要、组织承诺、管理参与、奖励系统、沟通系统、教育培训系统等企业内部的因素影响之外，还受到诸如社会安全价值观、社会安全需要、煤矿行业危险程度、国家安全法规等外部因素的影响。

由以上分析可知，煤矿企业安全文化系统形成的动力学模型包括 4 个状态变量、19 个辅助变量、4 个决策变量、7 个外生变量。各类变量的构成情况见表 6-1。

表 6-1　各变量的构成情况汇总

变量类型	变量名称	作用
状态变量	安全观念水平 安全物态水平 安全制度水平 安全行为水平	它们共同构成了煤矿企业安全文化系统中的存量，它们的综合水平反映了煤矿企业安全文化的整体状况
辅助变量	管理者安全意识 组织承诺度 安全生产的物质保障 作业环境安全程度 物态产品安全度 物态技术安全度 安全领导体制健全度 安全组织机构合理度 安全规章制度完善程度 管理参与度 管理者生产决策管理行为合理度 员工行为控制合理度 教育培训投入 奖惩力度 激励沟通时间和效果 员工安全工作能力 员工安全意识 现场安全作业行为合理程度 每期发生事故可能性	决策变量的表述取决于煤矿企业安全文化系统中相关信息反馈决策，从信息源到决策行动之间引进变量辅佐以表达信息反馈决策
决策变量	安全观念的改变率 安全物态水平的提升率 安全制度的完善率 安全行为水平的提升率	它们的变动影响系统中状态变量的变化

变量类型	变量名称	作用
外生变量	社会经济文化水平 生产力发展水平 社会安全需要 社会安全价值观 煤矿行业危险程度 员工安全需要 国家安全法规健全度	外生变量制约着系统中的内生变量，如安全观念水平、现场作业行为合理程度、安全制度水平，但不受系统中内生变量的制约

　　基于煤矿企业安全文化系统形成的动力学模型流图，可以展开有关系统方程的讨论。本模型中系统方程的确立原则有如下三个：

　　（1）模型中变量之间方程建立必须以现有的安全文化理论为基础；

　　（2）解释变量和被解释变量之间的关系可分为确定型和概率型、定性关系和定量关系，需要通过计量经济分析的方法和手段加以确认；

　　（3）系统方程的结论必须与现实的情况紧密结合，如果系统方程明显有悖于现实的情况，则必须对其加以修正。

　　本书仅对煤矿企业安全文化系统涉及的诸多因素进行尝试性研究，并给出煤矿企业安全文化系统形成的一般动力学模型，简述煤矿企业安全文化的形成机理，为更深层次的动力学研究——系统动力方程的建立和仿真打下结构性的基础。

第五节　模型系统的安全文化形成仿真

一、变量间关系的确认

1. 安全观念层面

（1）安全观念水平

　　影响安全观念的因素很多，这些因素都会促使安全观念发生改变。其每期变化量为：安全观念改变率。它受到社会经济文化水平、社会安全需要、社会安全价值观以及煤矿行业危险程度影响，这四个变量短期内的变化不大，因而对安全观念改变率的影响很小。另外，安全观念增强率还受到每期发生事故可能性影响。随着每期发生事故数量的增加，人们的安全观念改变率会增加，但是增加速度会随着事故发生可能性的增加而减小。如果一定时期内未发生安全事故，由于人本身的懈怠性，企业管理者和员工就会出现侥幸心理，认为本企业已经安全从而降低自己的安全观念，这时会使得安全观念改变率变为负数。因此：

安全观念改变率＝每期发生事故可能性＋小常数 × 煤矿行业危险程度＋小常数 × 社会安全价值观 – 小常数。

（2）企业管理者安全意识和员工安全意识

安全观念水平主要影响企业管理者安全意识和员工安全意识，但对两者的作用力度不同。企业管理者由于承担更多的安全责任，安全观念对企业管理者的影响较大，又由于企业的安全观念由企业管理者观念和员工安全观念共同构成，那么企业安全观念水平对企业管理者安全意识和员工安全意识的影响程度之和应该为1。这里假设企业管理者安全意识 =0.6 × 安全观念水平，员工安全意识 =0.4 × 安全观念水平。另外，由于企业管理者安全意识还受到安全物态水平和安全制度水平的影响，所以上述企业管理者安全意识要做一下调整，即企业管理者安全意识 =0.6 × 安全观念水平 ＋ 常数 × 安全制度水平 ＋ 常数 × 安全物态水平；员工安全意识还受到教育培训投入、奖惩力度、沟通系统完善度的影响，所以员工安全意识也做如下调整，即员工安全意识 =0.4 × 安全观念水平 ＋（沟通系统完善度 ＋ 奖惩力度 ＋ 教育培训投入）× 常数。

（3）组织承诺度和管理参与度

企业管理者安全意识提高后，会从两个方面提高煤矿企业的安全文化水平，一是组织承诺度，二是管理参与度。企业管理者提高安全文化水平路径的选择，会影响企业安全文化的构建方式和企业安全文化水平的高低。企业管理者提高安全文化水平路径的选择是本模型研究的重要内容之一，根据需要对其进行调节，以考察系统模型的变化规律。

为便于分析，用两个系数表示企业管理者在提升安全文化水平路径选择上的倾向度。这里假设企业管理者提高企业安全文化水平的路径选择，体现在组织承诺度和管理参与度的系数上。系数与两种路径选择之间的关系如下：

　　组织承诺度 = 企业管理者安全意识 × 系数 1

　　管理参与度 = 企业管理者安全意识 × 系数 2

　　（4）教育培训投入、奖惩力度、沟通系统完善度

　　管理者提高管理参与度，会增强员工行为控制合理度，主要方式包括增加教育培训投入、提升奖惩力度和完善沟通系统三个方面。这三个方面同等重要，本节认为它们各占员工行为控制合理度的 1/3。另外，管理参与度的提高，也会增强员工生产行为合理程度；管理者生产决策管理行为合理度的提升对于减少煤矿安全事故的作用更为突出。假设管理参与度中 60% 分配给了管理者生产决策管理行为合理度上，40% 分配给员工行为控制合理度上。

　　2. 安全物态层面

　　（1）安全物态水平

　　安全物态水平与安全观念水平相似，其的每期变化量为：安全物态水平提升率。安全物态水平提升率看作是作业环境安全程度、物态产品安全度、物态技术安全度、安全制度水平等各变量共同作用的结果。其大小随着作业环境安全程度、物态产品安全度、物态技术安全度、安全制度水平总和的增加而减小，这是因为越是高层次的物态水平提升的难度越大。作业环境的改变、操作工具的老化在一定程度上会降低安全物态水平提升率。因此，假设安全物态水平提升率 = exp[–(安全制度水平 + 物态产品安全度 + 物态技术安全度 + 作业环境安全程度)]– 小常数。

　　（2）作业环境安全程度、安全物态水平、物态技术水平

　　企业管理者提高组织承诺度后，会从三个方面增强企业安全生产的物质保障，即提高作业环境安全程度、提高物态产品安全度和提高物态技术安全度。为了便于分析，我们用三个系数表示企业管理者增强企业安全生产的物质保障的路径选择倾向度。这里假设企业增强企业安全生产的物质保障的路径选择体现在提高作业环境安全程度、提高物态产品安全度、提高物态技术安全度上，即它们的系数之和为 1。当倾向于选择一种路径时，即加大它的控制系数，意味着减小另外两种路径的系数。系数与三种路径选择之间的关系如下：

　　作业环境安全程度 = 组织承诺度 × 系数 3

物态产品安全度 = 组织承诺度 × 系数 4+ 常数 × 生产力发展水平

物态技术安全度 = 组织承诺度 × 系数 5+ 常数 × 生产力发展水平

3. 安全制度层面

（1）安全制度水平

安全制度水平与安全物态水平相似，其每期变化量为：安全制度水平完善率。安全制度水平完善率看作是安全领导体制健全度、安全组织机构合理度、安全规章制度完善程度等共同作用的结果，并且其大小随安全领导体制健全度、安全组织机构合理度、安全规章制度完善程度总和的增加而减小。原因在于：越是高层次的安全制度水平完善的难度越大。由于管理观念的落后，现有管理体制制度与企业发展变化存在一定的非同步性等，这些因素在一定程度上会降低安全制度水平完善率。因此，假设安全制度水平完善率 = exp[–（安全规章制度完善程度 + 安全领导体制健全度 + 安全组织机构合理度 + 国家安全法规健全度）]– 小常数。

（2）安全领导体制健全度、安全组织机构合理度、安全规章制度完善程度

企业管理者提高组织承诺度后，会从三方面提高企业安全制度水平，即提高安全领导体制健全度、安全组织机构合理度和安全规章制度完善程度。为了便于分析，我们用三个系数表示企业管理者提高企业安全制度水平的路径选择倾向度，这里假设企业提高企业安全制度水平的路径选择体现在提高全领导体制健全度、安全组织机构合理度和安全规章制度完善程度上，即它们的系数之和为 K。当倾向于选择一种路径时，即加大它的控制系数，意味着减小另外两种路径的系数。系数与三种路径选择之间的关系如下：

安全领导体制健全度 = 组织承诺度 × 系数 6

安全组织机构合理度 = 组织承诺度 × 系数 7

安全规章制度完善程度 = 组织承诺度 × 系数 8

4. 安全行为层面

（1）安全行为水平

安全行为水平与安全制度水平相似，其每期变化量为：安全行为水平提升率。安全行为水平提升率看作是管理者生产决策管理行为合理度，和现场安全作业行

为合理程度等各变量共同影响的结果，其大小随着管理者生产决策管理行为合理度、现场安全作业行为合理程度总和的增加而减小。原因在于：越是高层次的安全行为水平，提升的难度越大。另外，管理者和员工的懈怠性和侥幸心理在一定程度上会降低安全制度水平完善率。因此，假设安全行为水平完善率 = exp[－（管理者生产决策管理行为合理度 + 现场安全作业行为合理程度）]－ 小常数。

（2）管理者生产决策管理行为合理度

管理者生产决策管理行为合理度受到安全制度水平、安全物态水平和管理参与度的影响。由于管理者个人知识结构、工作积极性的不同，各因素对管理者生产决策管理行为的影响并不能按照理想水平表现出来。因此，管理者生产决策管理行为合理度 = 常数 × 安全制度水平 + 常数 × 安全物态水平 + 常数 × 管理参与度。

（3）现场安全作业行为合理程度

现场安全作业行为是煤矿企业发生安全事故的主要影响因素。本节分析安全文化形成机理过程中也主要是考虑如何提升现场安全作业行为合理程度。影响现场安全作业行为合理程度的因素很多，包括安全物态水平、安全制度水平、管理者生产决策管理行为合理度，安全行为水平、员工工作能力、员工安全意识、员工安全需要等因素。

在仿真过程中，把现场安全作业行为合理程度看作是安全物态水平、安全制度水平、管理者生产决策管理行为合理度，安全行为水平、员工工作能力、员工安全意识、员工安全需要等共同影响的结果。其变化率随着安全物态水平、安全制度水平、管理者生产决策管理行为合理度、安全行为水平、员工工作能力、员工安全意识和员工安全需要的增加而减小。

因此，取现场安全作业行为合理程度 =1-e×p［-（0.8× 安全行为水平 +0.8× 安全制度水平 +0.6× 管理者生产决策管理行为合理度 +0.6× 安全物态水平 +0.8× 员工安全工作能力 +0.9× 员工安全需要 +0.9× 员工安全意识）］。

各因素的系数只是体现该因素通过管理者或员工对现场安全作业行为合理程度发生作用的程度。员工安全工作能力每期增长率为员工安全工作能力提升率，而员工安全工作能力提升率又是由教育培训投入决定的。这里将员工安全工作能力提升率看作是教育培训投入的正相关函数。员工安全需要在短期内不会变化，仿真过程中将员工安全需要看作一个常量。

（4）每期发生事故可能性

管理者或员工的不安全行为并不一定都导致事故发生。为了提高对现场安全作业行为的重视，研究假设每期发生事故可能性与现场不安全作业行为程度成正比，比例系数体现现场不安全作业行为导致事故发生可能性的大小。即：

每期发生事故可能性 = 系数 ×（1- 现场安全作业行为合理程度）

二、模型系统的仿真

一般来说，模型在使用之前需要对其进行有效性检验。常见的有效性验证主要有系统边界的有效性验证、相互作用变量的有效性验证、系统输出的有效性验证等。本书研究的问题主要是安全文化形成过程中的变量及其相互关系，但这些变量的历史数据对模型系统的输出进行有效性检验很难得到。本研究在确定变量及其相关关系时，主要依据的是基本管理理论，并且使用模型的主要目的是用它来分析一些重要变量对安全文化水平的影响趋势，而不是精确预测。因此，可以认为，该模型虽然没有经过相关历史数据的系统输出检验，但它仍然对所要研究的问题具有一定的解释力。以下用该模型进行相关问题的模拟与仿真研究。

煤矿企业安全文化的四个构成要素为观念文化、物态文化、制度文化、行为文化，通过专家调查法确定四个构成要素的权重分别为 0.33、0.22、0.22、0.23。因此有，安全文化水平 =0.33 × 观念文化水平 +0.22 × 物态文化水平 +0.22 × 制度文化水平 +0.23× 行为文化水平。

1.安全文化的形成趋势跟踪

在安全文化形成趋势模拟中，有一个重要变量的需要考虑，即现场安全作业行为合理程度。首先，分析现场安全作业行为合理程度的模拟效果是否合理，如图 6-3 所示。

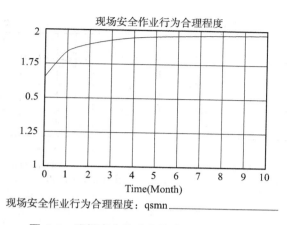

现场安全作业行为合理程度：qsmn _____

图 6-3　现场安全作业行为合理程度模拟图

从图 6-3 中可以看出，现场安全作业行为合理程度随着模拟时间的延长而增大，增大的速度随着时间的延长而减小。这与实际情况吻合，说明重要变量的模拟效果与实际情况一致，本模型没有出现常识性错误。

安全文化水平模拟图如图 6-4 所示。

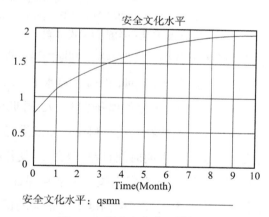

安全文化水平：qsmn _____

图 6-4　安全文化水平模拟图

图 6-4 反映出，只要企业能够坚持持续改进，企业的安全文化水平会随着时间的推移而提高，但随着时间的推移其提升率会降低。这主要是因为随着时间的推移，人们的观念改变难度增加、新技术的使用和设备的更新难度增大，可以借鉴的新的管理经验更新率变慢，以及人的行为提升至更合理的水平越来越难。图 6-4 表明，安全文化水平可以持续提升，但随着安全文化水平的提高其提升难度越大。

安全文化各构成要素模拟图如图 6-5 所示。

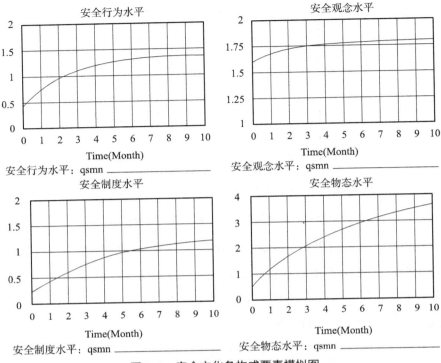

安全行为水平：qsmn ———————

安全观念水平：qsmn ———————

安全制度水平：qsmn ———————

安全物态水平：qsmn ———————

图 6-5　安全文化各构成要素模拟图

（1）相对而言，安全物态水平的提升最为容易，同期内可以提升 1.6 左右；安全制度水平与安全行为水平的提升难度相当，同期内安全制度水平可以提升 0.5 左右，安全行为水平可以提升 0.45 左右；安全观念水平的提升难度最大,同期内只能提升 0.1 左右。

出现上述情况的原因在于，当代社会安全科学技术发展迅猛，安全物态产品更新换代很快，新的安全物态技术发明时间日益缩短，促使作业环境改善的安全新技术和新方法日益增多。只要企业在资金投入上能够保证，物态产品安全度、物态技术安全度、作业环境安全度的在短期内就会有很大的提升，从而使得物态水平的提升最为容易。

（2）安全制度水平的提升在很大程度上取决于先进管理经验的借鉴，当今社会有很多安全管理制度方面的优秀案例可以借鉴。对于一般企业而言，把好的安全管理制度运用到本企业中，短期内会使自己的安全制度水平提升。但要把先进的安全管理经验和安全管理制度真正内化为自己的企业安全精神，除了要有良好的经验可以借鉴外，还受到企业中各级员工的职业素质和工作积极性的影响，这是很困难的事情，也是现实社会中很多企业经常学习先进的安全管理经验和好的安全管理制度，但其安全制度水平仍一直处于较低水平的原因。

（3）安全行为包括管理者安全行为和员工安全行为。企业通过学习其他相关单位的先进安全管理经验和较好的安全管理制度，会促使本企业安全制度水平有较大的提升，进而会通过安全制度进一步约束管理者和员工的不安全行为，促使企业安全行为合理程度提升。但一方面，安全制度水平向较高层次提升的难度日益增大；另一方面，管理者安全行为和员工安全行为都属于人的行为，人的行为受到社会安全价值观、个人安全需要、人的心理等主观和客观因素的影响，所以安全行为水平向较高层次的提升难度对比安全制度水平还要大。

（4）安全观念是短期内较难改变的量。这是因为价值观、安全理念、安全思维方式是经过长期形成的，这些要素在短期内很难改变，除非是发生令人触动很大的突然事件，所以安全观念水平的提升最为困难。

以上分析表明：安全文化水平是可以不断提升的，但随着安全文化水平的提高其提升难度越来越大。作为安全文化的四个构成要素，安全观念文化水平和安全行为文化水平的提升最为困难，这也是安全文化建设过程中应该重点关注的内容。

2. 改变观念文化作用程度的安全文化形成路径仿真

安全观念文化是安全文化的核心，支配和决定其他层次文化，而安全制度文化、安全行为文化和安全物质文化也会促进和推动安全观念文化的形成。

本模型中，安全观念文化通过影响企业管理者安全意识和员工安全意识从而支配和决定其他层次文化。以下通过调整安全观念文化对企业管理者安全意识和员工安全意识的影响系数，来考察安全文化及其构成要素的变化过程，如图6-6和图6-7所示。

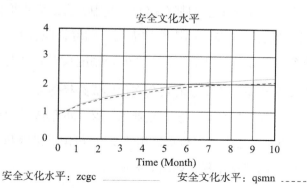

图6-6　安全文化水平变化趋势

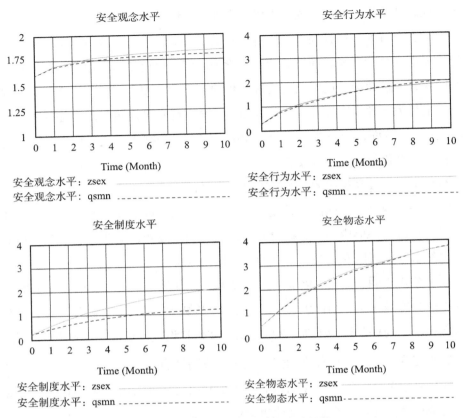

图 6-7　安全文化构成因素变化趋势

图 6-7 中，深色线表示调整前各变量的变化趋势，浅色线表示调高安全观念水平对管理者安全意识影响系数后所得到的各变量的变化趋势。可以看出，调高安全观念水平对管理者安全意识的影响系数后，安全文化水平、安全观念水平、安全制度水平和安全物态水平的前期都有提升，其中安全制度水平提升最快。这说明当安全观念对管理者安全意识的影响增大后，随着管理者安全意识的增强，企业管理者会提高组织承诺度，从而促进企业安全制度水平大幅提升。

3. 改变管理者安全意识相关变量的安全文化形成路径仿真

企业管理者是企业发展的依靠力量，企业安全文化的形成过程更需要企业管理者的参与。以下分析改变管理者安全意识相关变量（组织承诺度和管理参与度），安全文化及其构成要素的变化过程，如图 6-8 所示。

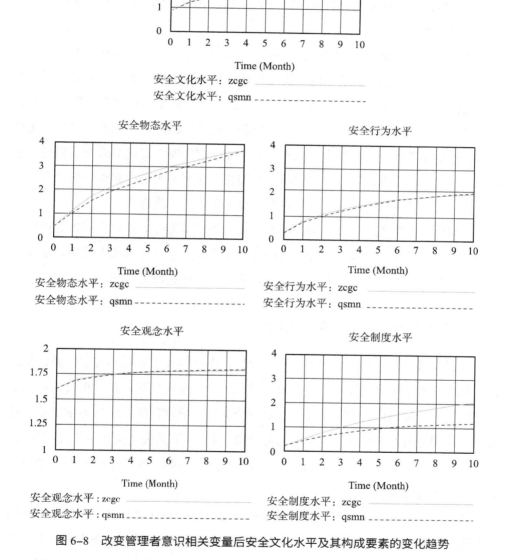

图 6-8　改变管理者意识相关变量后安全文化水平及其构成要素的变化趋势

从图 6-8 中可以看出，当增加企业的组织承诺度和管理参与度后，安全文化水平、安全制度水平和安全物态水平在短期内都有提升，其中，安全制度水平提升最快。主要原因在于，当企业组织承诺度和管理参与度增强后，企业管理者在短期内会对相对容易提升的安全制度水平、安全物态水平采取相应的措施，如引进先进的管理经验、更新老化设备、改变作业环境等。而对于安全观念水平和安全行为水平的改变并不明显，这说明安全观念水平和安全行为水平的提升是一个长期的过程，要实现安全观念水平和安全行为水平的提升，企业必须要有一套切实可行的长效机制。

上述分析结果表明，在煤矿企业安全文化形成过程中，增强安全观念水平对企业管理者安全意识的影响可以使安全文化水平、安全观念水平、安全制度水平和安全物态水平的前期都有提升；提高企业的组织承诺度和管理参与度可以使企业的安全制度水平、安全物态水平短期内获得提升。因此，企业进行安全文化建设时应该首先考虑，增强安全观念水平对企业管理者安全意识的影响、提高企业的组织承诺度和管理参与度，以促使企业安全文化水平短期内获得较快提升，并且建立一套切实可行的长效机制促使企业安全文化持续改进。

模拟仿真结果表明，本书构建的系统动力学模型能较好地模拟煤矿企业安全文化形成过程的特征，有助于分析和研究煤矿企业安全文化形成系统中各变量之间的相互作用关系，是分析和制定煤矿企业安全文化建设措施的有力工具。

三、煤矿企业安全文化形成机理总结

根据对煤矿企业安全文化形成机理分析，本章构建了系统动力学模型，并进行了相应问题的仿真研究。首先通过对系统中一些重要反馈回路、重要变量关系等问题的分析和确定，绘制了煤矿企业安全文化形成过程的系统动力学流图。其次基于流图分别对安全文化的形成趋势模拟，自上而下的安全文化形成过程分析，改变管理者安全意识相关变量的安全文化形成过程模拟，揭示了煤矿企业安全文化形成的最优路径。

仿真结果显示：安全文化水平的提升永无止境，并且随着安全文化水平的提高其提升难度越大；同期内，安全文化水平的四个构成要素中安全物态水平的提升最为容易，安全制度水平和安全行为水平的提升难度次之，安全观念水平提升难度最大。调高安全观念水平对管理者安全意识的影响系数后，安全文化水平、安全观念水平、安全制度水平和安全物态水平的前期都有提升。当增加企业的组织承诺度和管理参与度后，安全文化水平、安全制度水平、安全物态水平在短期内都有上升。

最后，本章根据模拟结果提出了煤矿企业安全文化建设的路径：要考虑增强安全观念水平对企业管理者安全意识的影响，提高组织承诺度和管理参与度，以促使企业安全文化水平短期内获得较快提升，并且建立一套切实可行的长效机制促使企业安全文化持续改进。

第一节 澳大利亚煤矿安全文化经验介绍

澳大利亚煤炭开采量巨大，是世界上煤炭出口较多的国家之一。澳大利亚在煤矿安全管理方面取得的成绩值得世界学习。以煤矿安全生产重要指标——百万吨死亡率来看，澳大利亚连续四年此记录为零，近年来的记录为 0.03 ~ 0.05。澳大利亚接近百万吨零死亡率的标准，是因为其煤矿安全文化切实有效。澳大利亚煤矿安全文化主要包括完善的法律法规制度、科学的风险控制体系、成熟的安全文化体系。

一、较完善的法律体系

从历史上看，澳大利亚有关矿业安全方面的法律规范经历了从无到有，从初建到完善的过程。细数澳大利亚历年来颁布的有关矿产安全法，汇总如表 7-1 所示。澳大利亚的联邦政府对煤矿安全没有直接的监督和管理责任，州和领地对本区域的煤矿安全与健康监管负责，两个产煤大洲新南威尔士州和昆士兰州都有专门的煤矿安全与健康法。

表 7-1 澳大利亚矿产安全立法汇总

时间	法律名称	时间	法律名称
1946	《煤炭工业法》	2001	《煤炭工业法》
1982	《煤矿管理法》	2004	《矿山健康与安全法案》

时间	法律名称	时间	法律名称
1984	《职业安全卫生法》	2007	《矿山健康与安全法规》
1986	《煤矿（监督员）资格管理条例》	2011	《职业健康与安全法案》
1994	《矿山救援法》	2011	《职业健康与安全法规》
1994	《矿山安全卫生法》	2013	《职业健康与安全法案（矿山）》
1999	《新煤矿规程》	2013	《工作场所健康和安全法》

　　澳大利亚良好的煤矿安全成果不仅源于强有力的法律保障，还得益于其独到的矿产管理模式。澳大利亚对矿产资源的管理模式为，矿产资源所有权独立于土地行政权的划分。若两种政策在自然资源上有交叉，则以矿产资源所有权为主。在煤矿安全生产管理上，实行不跨级、分层次管理。例如，昆士兰州和新南威尔士州，这两个主要的产煤大洲则对本州有独立的法律法规（表7-2），澳大利亚联邦政府不直接负责监督或管理州领域的煤矿生产与安全。

表7-2　州煤矿安全立法

时间	法律名称	主要内容
1999年	《煤矿安全与健康法》	实行风险控制机制，通过划分风险等级确保采取措施的实效性
2000年	《职业安全与健康法》	细化雇主、雇员的责任和义务，以及权利和福利，确保生产环境的安全设施正常，确保员工能获得足够的培训和信息指导
2002年	《煤矿安全与健康法》	完善安全管理体系，建立重大危害管理方案。一般性风险管理步骤，如要求责任人辨识、评估和控制风险

　　（1）昆士兰州的煤矿安全立法模式在20世纪70年代，开始由详述性立法转变为自律型立法模式。这种自律型的法律模式是世界煤矿立法的发展趋势。其特点是科学、简约、高效。以昆士兰州1999年的《煤矿安全与健康法》为例，其内容详尽具体，一共有298条，内容涵盖了定义、标准、机构设置与职权、权利与义务、事故处理与调查程序等。在此法中，昆士兰州对于相关责任主体的划分也十分具体详尽。对责任主体应该担负的责任表述具体，在每条责任条款后面都注明了明确的处罚金等。昆士兰州的煤矿安全卫生法律从整体上来看，

具备民事责任、刑事责任、行政责任并重的特点，且整个法律重点强调了煤矿企业管理者的责任。

法律要求煤矿企业管理者需要担负三方面责任，一是以"一般义务"为基础；二是"成效标准模式"；三是"程序性标准模式"。其中，"一般义务"指的是，要让每一位煤矿企业管理者确保所有员工的生命健康、生产安全。而"成效标准"指的是，对职业安全的风险和收益设立合理性的指标，并倡导选择有利的方法和途径达到这一目标。最后"程序性标准"指的是，在安全风险管理系统中，如何采用鉴定、评估和控制手段，推进安全卫生管理体系的发展。

（2）新南威尔士州是澳大利亚第一人口大州，经济发达，矿产资源丰富，煤炭等矿产资源出口量占全澳同类出口产品总量的60%以上。2002年，为重视职工健康、安全和福利方面的问题，确保煤炭安全开采，《煤矿安全与健康法》颁布，该法主要内容包括煤炭企业的安全责任主体、煤矿事故报告、相关资质标准、煤矿监督等。从2002年以后，又先后颁布了有关煤矿监督员的管理条例、有关地区监督员的选举条例、有关煤矿规程法等促进煤矿安全生产的具体法律规范。一系列的规章条例使得新南威尔士州有关矿产安全问题形成了一套较完整的法律体系，涉及的环节较为全面。

二、较科学的安全管理体系

澳大利亚各州政府都设有监管严格的安全监管机构。其主要职责是设计煤矿安全体系、监控体系运营、对安全体系问题整改等。安全监管机构监察员与煤矿雇主、煤矿工人代表共同组成煤矿安全咨询委员会。安全委员会定期向政府报告所属矿区的风险控制情况。煤矿工人代表由民主选举方式产生，按照安全委员会的考核标准进行考核。煤矿工人代表具有检查生产环境和把控生产进度的权利。在煤矿安全咨询委员会中，安全监管机构监察员与煤矿雇主、煤矿工人代表的关系是相互制约的。对于任何一方提出的整改方案，都需要其他两方进行周密的研究讨论，只有三方意见统一，才可以施行。这种安全责任控制关系可以有效地把控煤矿生产风险。

在澳大利亚，每位煤矿员工都有参与煤矿安全管理的义务。首先煤矿员工具有民主选举煤矿工人代表的义务。其次，每位煤矿企业员工在进入工作现场作业之前，都可以参照随身携带的风险评估手册对现场进行风险评估。风险评估手册是由一线员工参与编制的，里面有关操作程序标准的细节都是与现场工人敲定确认过的。工作现场发现风险点后，可以随时向雇主提出整改要求。如果整改要求不被雇主及时采纳，那么员工可以向安全监管委员会提出申诉。因为以上机制的运行，澳大利亚的煤矿员工日益形成了较强的安全管理意识。煤矿员工已经把安全意识和责任意识放在首位，并获得了更大的职责和权利。例如，煤矿员工参与审查煤矿运行流程中的风险水平、检查现场采煤活动是否对矿工有生命威胁等。

澳大利亚对一线工人具备先进的培训体系。根据澳大利亚"职业安全与健康"的文件要求，高风险行业的从业人员必须持有许可证书。此证书是经过各州的职业安全与健康管理监管机构的培训后，由州政府颁发的。历年来，澳大利亚对一线工人的培训较为多样化。如今各州的职业安全与健康管理监管机构对一线员工的培训包括模拟危险场景、处理紧急事故、掌握救援技能等。各州都设有矿山救助站和模拟场景培训中心。通过仿真的模拟训练系统，让接受培训的员工切身感受到身处险情的情景，模拟紧急救援，确保培训具有实效性。除了对从业人员的入职前培训，澳大利亚州安全监管机构还对煤矿管理人员和老员工设置定期培训课程，保持管理人员在工作中能够正确熟练掌握风险评估流程，一线老员工能够具备上报风险情况的能力。

三、成熟的安全文化体系

近年来，澳大利亚政府和煤矿相关机构合力打造煤矿业安全文化体系，如图7-1所示。澳大利亚煤矿安全维度包括安全习惯、安全环境、安全价值观和安全绩效四个方面。另外，新南威尔士州政府在近年对法律的修订中侧重于以风险评估为主导的安全监管机制和培训管理。州政府和安全监管机构通过一些宣传口号广泛传播安全隐患防范意识。随着安全意识的广泛传播，澳大利亚社会安全生产氛围浓厚。

澳大利亚重视民主权利，尊重并倾听基层劳动人民意见，所以澳大利亚煤矿员工在煤矿安全中扮演重要角色。一旦煤矿员工发现生产中暴露的风险，可以随时要求企业停产。并且，对于安全文化建设体系中，没有及时给予反馈的管理人员将被追究责任。新员工在入职前接受全面的安全文化培训，一线员工和管理层人员定期接受安全文化培训，任何外界人员下井前也要接受一定程度的培训，获得许可后方可参与到煤矿生产环节中。

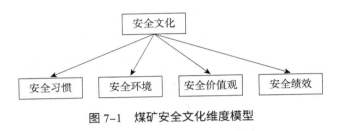

图 7-1　煤矿安全文化维度模型

第二节　美国煤矿安全文化经验介绍

美国的煤炭生产量位居世界前列，其煤炭出口量也较大。19 世纪末至 20 世纪初，美国煤矿业矿难事故频发，原因在于相关法律制度欠缺、管理疏漏、技术水平较低。近年来，美国煤矿工人数量减少，事故发生频率平稳递减。主要原因包括四个方面：政府加强了法律体系构建、提高了煤矿开采与生产的技术水平、建立煤矿安全培训体制、基于"法制（Enforcement）、培训（Education）、技术（Engineering），" 3E 对策理论的安全监管模式。

一、重视煤矿业安全法律体系构建

1. 严格的开发审批标准

严格的煤矿开发前审批标准将较大程度规避安全隐患，如表 7-3 所示。美国联邦政府和地方相关部门对煤矿建设项目的环境保护层面和安全预案都有较严格的审批标准，审批考核时间需要半年以上。美国在 1977 年出台的《联邦矿山安全与健康法》中要求煤矿项目开发前需要具备一定等级的矿难紧急救护能力。救护储备条件包括大型紧急救生舱和小型便捷救生舱；另外需要具备两支或两支以上紧急矿山救护队。具备以上条件的紧急救护能力的煤矿才能提出开发申请。

表 7-3 美国关于煤矿安全方面的立法

时间	法律	关键节点
1891	《联邦矿山安全管理条例》	美国第一部矿山安全法律文件，明确规定了矿井通风安全标准并严禁雇佣童工
1952	《联邦煤矿安全法》	对矿井运营设置安全标准，对其进行安全性年检，并有责任对事故进行调查整改。规定可以对某些矿井实施年度检查，授予矿业局独立检查权，可以对煤矿死亡事故和严重非死亡事故进行调查，并对井工煤矿执行强制性安全标准
1969	《联邦煤矿安全卫生法》	明确规定煤矿经营者对煤矿负有安全监察责任。大幅增加了联邦执法人员在煤矿的监察执法权，规定每年须对露天矿进行 2 次安全健康监察，对每座矿井进行 4 次监察。规定矿主有义务保证矿工安全与健康，并赋予矿工劳动作业场所安全权
1970	《职业安全与健康法》	规定高危行业必须参与工伤保险。对危险行业实行强制工伤保险，鼓励和规范公司开展工商保险业务，并将业务拓展至矿山企业
1977	《联邦矿山安全与健康法》	规定煤矿企业必须设立矿山救护队。扩充并强化了矿工的权利，规定采矿企业必须实行全员培训，所有地下煤矿设立矿山救护队；矿山安全监察员必须有 5 年以上的相关工作经历
2006	《矿工法》	规定煤矿负责人加强对职工的安全教育培训。要求煤矿主加强对矿工的避难培训，要求应急反应预案必须就事故后的无线通信系统、井下人员跟踪定位系统，以及为被困矿工增加供氧做出安排
2013	《2013 年煤矿安全保护法案》	该法案要求煤矿经营者保留采购岩粉的相关资料，允许矿难受害者直系亲属参与矿难的调查工作

2. 较强的法律执行能力

《联邦矿山安全与健康法》中要求煤矿安全检查惯例化、事故责任追究制、安全检查项"突袭制"。其中，安全检查惯例化中要求：地下煤矿每年必须接受检查不少于 4 次，而露天煤矿每年必须接受检查不少于两次。煤矿负责人须按照检查后的结果进行问题整改，若有违反，则须接受一定程度的刑事责任。事故责任追究制指的是，事故发生的结果将由具体的责任主体承担，并且该责任主体将被追以一定程度的刑事责任；同时，若检查人员检查结果有误而引起事故，则该人员将被追究连带责任。安全检查项"突袭制"指的是，安全检查具备保密性和不定期性。若检查被提前预知则相关责任人将被追以一定程度的刑事责任。

3.有效的奖励与处罚机制

有效的奖励机制：美国联邦矿业协会和矿山安全管理局设置专家安全奖。从1925年开始，该机构每年评定固定数量的符合法律标准的大小矿井，颁发此项奖励。

有效的处罚机制：美国政府实行矿业事故责任追究制，对矿难责任人追究一定程度的刑事责任。对严重违规违纪的责任人或者责任公司追以高额罚款。

二、重视煤矿开采与生产的技术创新

美国联邦政府在1969年出台了《联邦煤矿安全卫生法》。根据法律要求，美国相关部门加强了对煤矿安全技术的研发投入力度。多年来，在安全仪表、仪器方面取得了诸多技术进展和突破，如图7-2所示。

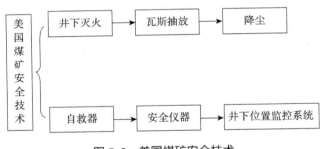

图7-2 美国煤矿安全技术

美国政府重视采矿安全技术创新研发，设立专门的安全生产技术科研机构，加大矿山技术创新研发的资金投入，供科研机构研发先进技术和安全生产设备。表现在以下几个方面。

（1）美国煤炭开采技术的不断提高，通过实现高度机械化、信息化，提高矿山设备操作流程自动化，利用智能机械化开采技术，替代井下人工操作，降低设备老化故障因素引起的安全隐患，同时有效降低人员事故死亡人数。联邦矿山安全健康局明确规定矿山井下一定配备紧急庇护所、紧急逃生路线和防护设备。其中庇护所要具备7天以上的食物、淡水、氧气供给，另外还要有紧急通信设备、防护衣、防护面罩、灭火设备等装备。美国煤矿目前井下防护设备列举如表7-4

所示。

表 7-4　美国井下作业安全设备一览表

防护设备名称	功能说明
自救式呼吸器	同时具备制氧和供氧功能
逃生路线	设置科学的、有效的逃生路线
庇护所	井下每隔两百米设有一个庇护所，每个庇护所可容纳 100 人
通信设备	双向传送系统，地理位置检测系统
机器人技术	智能监控，包括生命体征、场景监控、因素测量等
红外成像仪	能够在高瓦斯环境探测生命体征

（2）通过技术创新提高煤矿安全保障水平和事故救急能力。通过信息化改造矿山安全技术，加强对矿难的规避机制。美国联邦矿山安全健康局（MSHA）对矿山生产安全性进行把控，要求其设置紧急逃生线路、井下庇护所、井下救援防护设备。不仅如此，该部门近年来一直致力于研发矿山安全保障和救援技术，研发探索有效减少矿难发生率的新型技术，加快技术更新速度，简化作业设备操作流程，推广自动化、智能化技术应用。在美国政府大力的支持下，美国煤矿业已经由劳动密集型转为技术密集型。

（3）设立专门的安全生产技术科研机构。1977 年颁布的矿山安全法中明确要求对煤矿开采安全技术进行财政拨款立项，并且要求设置专门的技术研发保障机构，以提供政策支持。专业科研机构的设立表明联邦政府对安全技术研发的重视，对矿业发展安全生产的重视，对矿工基本权利的重视。

三、建立健全煤矿安全培训体制

20 世纪 70 年代，美国煤矿事故调查报告表明，事故发生的原因 85% 是人为因素所致，15% 为环境设备因素所致。1977 年出台的《矿山安全与健康法》中明确规定，美国煤矿行业所有从业人员必须在上岗前接受标准的岗前培训，并且每年要重复培训。若矿工不按照法律要求接受培训，将被勒令退出煤矿行业，无法参与煤矿行业工作。美国矿山安全与健康局是美国矿山安全的主管政府机构。

如图 7-3 所示，美国矿山安全与健康局下设部门为矿区教育服务处、政策与规划协调处、国家矿山健康与安全学院。

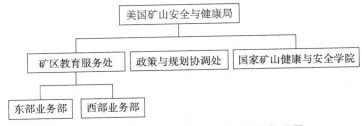

图 7-3　美国矿山安全与健康局下级机构设置

矿区教育服务处负责为小型矿山企业的矿工提供安全培训。政策与规划协调处负责制定培训方案、审核培训结果、储存培训资格证书等资料。国家矿山健康与安全学院主要负责为国内外矿山经营者、矿业安全监察员提供培训服务。

美国安全教育培训的推广具有以下特点。

（1）美国对安全培训工作较为重视，有两部相关法律对培训方面有明确规定。一是，《联邦法典》中第 30 章第 48 条明确要求，所有矿工人员必须参与一定时长的岗前培训，并且从业后，需要以年为周期接受常规培训，具体培训课程时间要求如表 7-5 所示。二是，《联邦矿山安全与健康法》中 104 条规定，矿上职工必须有岗前培训资格才能上岗，一经发现有煤矿工人未具备岗前安全培训资格，工会负责人员将有权对其进行警告处分，并要求其接受相应培训后才能重返岗位。

表 7-5　关于培训时间的规定

矿工种类	培训时间
井下新矿工	大于 40 小时以上的岗前培训课程
露天矿井工人	大于 24 小时以上的岗前培训课程
其余矿工	大于 8 小时或以上的培训课程

关于培训组织架构和分工情况见表 7-6 所示，教育政策与发展司隶属于美国矿山安全与健康管理局。美国矿山安全与健康管理局主要职责是法律和政策保障，教育政策与发展司下设的矿区教育服务处、政策与规划协调处、国家矿山健康与安全学院，主要是辅助并执行矿山安全与健康局颁布的法律。

表 7-6　美国培训机构与职责分工

机构名称	培训对象	职责分工
矿山安全与健康管理局	矿山经营负责人	矿山安全管理内容
矿区教育服务处	基层矿工	生产技能、设备培训方案
政策与规划协调处	辅助性职能机构	贯彻执行上级部门的培训政策
国家矿山健康与安全学院	安全监察员	安全管理与监督职责

（2）丰富的安全教育内容和教育形式。培训的组织形式具有多样化特点，包括专业机构组织的培训、矿山经营者自发组织培训、由政府机构批准的矿工协会组织的培训。对于培训时间有具体的明文规定，包括新矿工岗前培训、矿工从事新工种培训、矿工紧急救援培训、矿工惯例培训等。矿工的培训内容主要包括紧急自救常识、进出矿井要求、设备使用危险规避等。美国联邦矿山安全与健康管理局不断更新教育培训输出方式，研究开发多种渠道向一线职工传授安全知识，输出方式包括出版杂志、24 小时电话热线、多媒体视频材料等。矿山安全监察员必须定期接受由联邦矿山安全与健康管理局提供的培训课程。

（3）加强对联邦安全监察人员和各州检查人员的培训。联邦矿山安全局矿山健康与安全学院专门负责矿山安全检查人员的考试和培训工作；联邦矿山安全健康监察局则主要负责监察人员的培训工作。此外，联邦矿山安全局教育政策与发展司向各级检察人员开放网上图书馆，提供各类有关安全生产的数据和资料。美国矿业卫生与安全学会每年针对安全监察人员和各州检查人员举办短期培训班与巡回性质的培训讲座，讲授相关培训课程，保证煤矿安全生产监督的有效落实。

四、基于"3E"对策理论的安全监管模式

近年来"3E"对策理论在美国日渐流行，由于美国在煤矿安全方面收效显著，所以世界上多个国家也将此理论本土化应用。美国对"3E"理论的提出最初是用来解决交通安全问题的，后来经安全委员会修改后，发展成为通用的安全生产管

理理论。

简单来说，"3E"安全生产管理理论就是通过完善法律体系、安全教育培训机制、安全生产技术创新来减少事故发生隐患。

具体来说，"3E"理论中包含了三个方面。一是要求煤矿行业通过立法、监督手段建立科学有效的安全监管体系，规范所有人员的日常行为。二是扩大安全教育培训的覆盖面，上至政府安全监管机构，下至煤矿一线职工，在全社会层面宣传安全生产的重要性，提高行业所有参与人员的安全意识。三是能够通过在日常生产过程中增加安全防护设备的投入和使用，及时、定期排查和检测生产环境中的安全隐患，利用先进的技术手段和硬性条件营造安全的生产环境。"3E"理论从煤矿事故发生的原因角度分析了如何能够实现煤矿安全生产。技术创新和教育培训呈相辅相成作用，共同规避安全风险；法制管理呈支撑保障作用，对技术创新和教育培训进行执法监管。

第三节　南非煤矿安全文化经验介绍

南非矿业发展历史悠久，矿业发展奠定了南非的经济发展基础，经济发达程度为非洲大陆之最。然而在1950年至1980年期间，南非矿难事故频发，据不完全统计，每年因矿难事故死亡的人数达千人以上。频发的矿难事故引起政府和社会的重视，相关部门通过长期的研讨设计，使得如今南非在矿山安全监管方面的成绩世界瞩目。

南非的矿山安全文化体系如图7-4所示，矿山健康与安全监察局隶属于矿产能源部，下设矿山安全和勘察地区勘察处、矿山设备安全区监察处以及矿山卫生地区监察处。严密的矿山安全组织体系保证了南非的矿山安全生产。另外，完善的法律体系、监察体系，以及NOSA五星安全管理体系，也对矿山安全生产起到了重要作用。

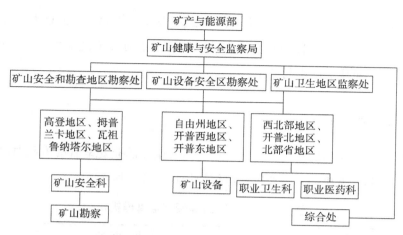

图 7-4　南非矿山安全文化体系

一、建立法律体系

为了保障煤矿行业职工的生命安全，南非政府先后出台了有益管理煤矿安全生产运营的法律制度，如图 7-5 所示。

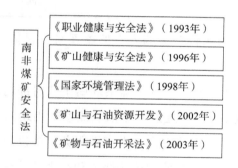

图 7-5　南非煤矿安全法律体系

1996 年颁布的《矿山健康与安全法》，框架全面、条文清晰、应用性较强，目前是世界上最详细科学的矿山安全法律范本。法律制度的出台加速了南非各级政府、矿业经营者，乃至所有矿工对煤矿安全生产的重视。法律规定未达到安全生产标准的矿井必须关闭，或者给予优惠政策实施转产。

《矿山健康与安全法》一共有八个章节，对立法宗旨、煤矿经营负责人和煤矿行业参与者所具备的权利和义务进行了详尽的阐述。其中，立法宗旨主要有降低矿工事故风险，保障矿山生产环境，加强矿业安全培训与安全意识教育，加强政府部门对煤矿行业的监管。法律中还明确指出了对安全监察系统的构建思路，并明确了各个机构的职责与分工。

二、严密的安全监察体系

根据南非《矿山健康与安全法》中规定，南非矿业安全监察体系中包含政府相关部门、第三方机构、企业等，组织架构见表 7-7 所示。

表 7-7　南非矿山健康安全管理机构

机构性质	机构名称
政府部门	矿山健康与安全监察局
三方机构	矿山健康与安全理事会
中介机构	职业安全协会、矿业协会
矿山企业	企业健康与安全委员会、安全监察员
救援中心	全国救护中心
工会	工会监督

表中机构组成了南非较严密的安全监察系统，具体每个机构的职责简述如下。

（1）政府部门。矿山健康与安全监察局属于政府部门，职责隶属于南非矿产与能源部。其主要职责是：通过立法依法监察矿山运营是否符合已有的矿山安全标准、设备安全标准，并提供技术支撑服务，提供政策建议，推进完善矿山健康安全监察制度，确保有效的法律保障和有力的监察服务，以降低矿难发生率。

（2）三方机构。矿山健康与安全理事会是由南非矿产与能源部、煤矿企业负责人、矿山雇员代表共同组成的一个"三方机构"。其主要职责是：在协助安全监察局的基础上，提供政策发展建议，增强矿山安全健康文化宣传，促进矿山安全健康工作持续改善。基层矿山雇员加入安全监察系统，从理论上讲，增加了安全监察的民主性、科学性、全面性，提高了安全监察制度的执行力度。从世界矿业发展史上来看，南非矿山雇员代表进入安全检查系统具有里程碑性质。

（3）中介机构。南非的矿业中介机构主要有职业安全协会和矿业协会。职业安全协会主要职责是：对矿山企业按等级安全评估，设立特殊等级奖项，鼓励企业提高安全生产水平，并且通过定期举办培训会议的方式对企业提供咨询服务，协助完善企业安全生产管理工作。矿业协会主要职责是：为协会成员和其他相关部门提供安全生产咨询服务，制定专业的矿山安全管理方案，通过设立专门的矿山安全部实施安全管理方案。

（4）矿山企业。南非矿山企业内部设立安全监察员，负责监督本企业的生产安全情况。《矿山健康与安全法》规定，矿山企业负责人有责任对矿山职工进行安全生产教育培训，还规定了哪些企业需要建立生产安全委员会。矿山安全监察员多由工作经验丰富的人员担任，大部分有本科以上的学历。安全监察员权利较大，南非法律规定，矿山企业必须执行安全监察员的指令，任何干扰、妨碍安全监察员指令的行为均属于违法，将根据不同程度接受罚款或者两年以下的监禁。安全监察员有权随时对煤矿企业进行安全事项询问和调查，有权进入矿井进行安全点检查，一经发现安全隐患，有权对其进行罚款或者限期整改。除了事故发生前的隐患排查，事故发生后，安全监察员也对事故现场具备调查和提出处理意见的责任。罚款将上缴至矿山健康与安全监察局。并且，矿山安全监察员具有诉讼权，可以直接向当地法院诉讼煤矿企业的违规违法行为。

（5）救援中心。南非在全国形成了矿山紧急救援中心网络体系。作为非营利性机构，救援中心对全国92家矿山企业进行名单制入网，组成一支有效的矿山紧急救援队伍，能够对名单中的矿山企业紧急事故进行迅速抢险救援。

（6）工会。南非矿山企业的工会队伍比较强大。工会代表的是底层职工的权益，强大的工会力量能够为工人提供更安全的工作环境，并且为工人争取更多的工作津贴、工伤赔偿和死亡抚恤金。

三、NOSA 五星安全管理体系

南非国家职业安全协会（National Occupational Safety Association，NOSA）安全管理体系具备全面性和科学性。目前被美国、澳大利亚、加拿大等多个矿业大国使用。该体系由南非国家职业安全协会创建,其宗旨是:以人为本,实现安全、健康的煤矿运营风险管理。以人为本体现在强调人性化管理理念,实施全员参与模式,全员持续参与安全教育培训,提高并夯实员工的安全意识。

NOSA 安全管理体系的科学性体现在五星级的组织结构。按不同的评审策略可以分为三个方面(安全、健康、环境)、四个层次(风险意识、文件制度、依从性、实施效果)、五个等级(0、25、50、75、100)。评审内容包含五个部分,分别是:厂房固定资产管理;防护设备安全性;突发情况紧急救授管理;事故的事后处理与总结;支撑部门管理情况。以上要点涉及煤矿企业生产运营的方方面面。NOSA 安全管理体系不仅是一种事前评估模式,也是一种能够持续性改进企业积极性的管理方法。

实践证明,NOSA 五星安全管理体系是提高职工安全意识的有效手段。一是因为此评估体系能够以人性化管理为出发点。二是因为该评估体系不仅可以作为煤矿企业的准入标准,也能够作为促进企业长期提高积极性的标准。

四、其他方面

(1)重视安全培训。20 世纪 80 年代,博茨瓦纳发生了一起特大的瓦斯爆炸事故,震惊了世界。南非政府开始重视煤矿安全培训,改变之前只限于白人矿工的培训体制,要求所有参与煤矿生产的各级职工必须完成相关机构组织的岗前培训,通过考试获得上岗资格证后方可下井作业。《矿山健康与安全法》中明确指出,矿工开始作业后,必须参加后续的安全技术培训,费用由煤矿企业负责人按照矿工工资的 1.5% 标准统一出资。

(2)紧急救援保障。南非政府要求,所有矿井开采前必须配备安全防护设施,必须在每个采煤机上配置一氧化碳气体报警器、有害气体色变谱检查仪等能够提前预警煤矿事故的安全装备。安全防护设施包括矿井安全庇护所,庇护所一般距离矿井地面距离不超过一公里。庇护所内通风情况较好,有紧急救援装备,水和食物,能与地上保持联系的通信设备。南非曾在 21 世纪初发生过两次大型矿井停电和火灾事故,因为这两所矿井都提前具备了安全庇护所,所以两次事故并未造成较大的人员伤亡。由此可以看出,安全庇护所在矿难事故发生时的重大作用。

除安全庇护所之外,《矿山健康与安全法》要求矿山企业超过一定人数的矿山企业必须设立矿山救护队,具体规模见表 7–8。每支矿山救护队一般有 5 名队员。有资料显示,南非 2009 年矿山救护队已组建有 130 多支,大约有 950 名队员。矿山救护队由全国救援网络统一管理调度。

表 7–8　南非矿山救护队情况

矿工人数	矿山救护队数量
100—1100 人	1 支
1100—3600 人	2 支

第四节　日本煤矿安全文化经验介绍

日本煤炭开采历史有两个世纪之久,积累了丰富的煤炭安全开采、安全监管经验。"二战"后,日本大力发展本国工业化,国民经济增长突飞猛进。煤矿生产曾一度成为日本工业化发展的能源支撑。煤矿大量开采的同时暴露了诸多安全问题,矿难事故屡屡发生,矿难人数激增,引发社会恐慌,影响日本的经济发展和社会稳定。为此,日本政府开始重视煤矿生产安全监管,研究采取以下手段,降低煤矿事故发生率。

一、构建法律体系和监督体制

1949 年,日本为缓解煤炭事故发生率出台了《矿山安全法》(图 7–6),并分别在 1964 年、2005 年两次修改整合了此法。《矿山安全法》成为日本矿业安全监管的第一个立法依据。该法对煤炭、金属、石油三项能源开发制定法律依据。该法规定,矿业经营者有责任对矿井塌方、瓦斯爆炸等矿难进行危险防范,并且一旦发生事故,经营者有责任组织紧急救援行动。

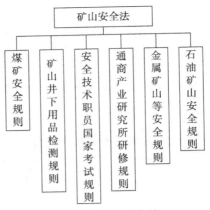

图 7-6 矿山安全法

《矿山安全法》对矿山安全监管体系架构有明确的规定，如架构组成、职责分工等。其中规定由日本政府垂直管理全国的矿山安全监督系统。在各个省设置煤矿安全机构，对全国范围内的矿山行使监督职权；依据矿山分布的疏密程度，划分矿山保安监督部，并设立安全监督官，实行定期轮岗制度，保证监管执行力。

《矿山安全法》中对煤矿监管模式进行了界定，要求以自主安全管理为主，以政府监管为辅。明确要求全国煤矿机构建立 3 层安全管理机构，分别为安全委员会、内部安全监督课及安全生产管理课。旨在从不同的角度，立足各自的责任范围，对煤矿安全进行不同程度的监管。

二、提高社会安全责任意识

日本政府除了设立《矿山安全法》法律体系，还广泛提高社会矿山安全防范意识，重在细化执法环节，提高执法力度。主要措施如下。

（1）"手指口述"指的是要求煤矿工人严格遵守工作准则，对矿上所采取的安全措施不仅做到心中知晓还要明确表述出来。进入矿井工作前，要求矿工们列队按顺序逐一阐述"安全五原则"（保护自己、保护同事、不懂的事情坚决不做、不清楚的工作必须问清楚后再做、遵守规定）。逐一阐述工作场所中可能出现危险的隐患，并重复确认危险防范措施。

（2）"零缺陷"管理模式指的是通过有效协调系统内各要素间的关系，优化资源配置，提高管理效率，使得系统偏差最小化，行为缺陷无限趋向于零。表现在煤矿安全意识氛围营造上主要有两个方面：一是"5S 运动"，内容包括整理

Seiri、整顿 Seiton、清扫 Seiso、清洁 Seiketsu、素养 Shitsuke；二是"TPM 活动"，内容包括宣传安全意识、人才培养、事故前预防、事故后处理等，旨在提高矿工的从业素质，促进煤矿企业安全生产。

三、人本管理

首先，集体主义和协作精神深入人心。日本煤矿行业的人力资源管理模式是以集体主义和协作精神为主，强调"安全第一、生产第二"的理念和"人人参与管理"的理念。煤矿企业管理者制定纲要，由现场工人制定细节措施，并且建立合理化员工参与管理制度，设立优秀奖项，每月评选颁发。另外，日本煤矿充分发挥工会的作用，工会不仅为职工争取更好的福利待遇，还为职工开发更好的发展平台。

其次，安全教育培训体系纵向延伸。日本煤矿行业具备专门的培训服务基地，比较有名的是北海道和九州煤矿安全培训基地，该培训中心隶属于日本矿业防止劳动灾害协会。协会的职责是开展有利于矿山安全教育、宣传报道等活动，为全国的煤矿参与人员进行安全技术培训，包括紧急救援培训、特殊工种上岗培训等。该培训中心规模较大，有较大面积的培训楼、模拟巷道、地下训练巷道和其他设施。

日本设有国际安全教育交流中心，为国内外定期举办培训讲座，邀请国内外相关人员参观日本本土的煤矿企业、研究实验室等，以便进行信息技术交流。

另外，日本相关部门委托部分院校对特定职业人员进行培训教育。煤矿企业经营者有责任对各级管理人员、煤矿生产参与人员进行安全教育培训。

四、自主安全责任管理

自主安全责任管理是指煤矿企业能从主观能动性出发，自觉开展安全建设活动，在事故发生后能及时自主地采取救援行动。《矿山安全法》中要求企业内部建立安全管理体系，赋予企业内部安全监察员权利，安全监察员由职工推选产生，监督企业运营安全情况。

日本从 1964 年开始试行煤矿企业自主安全责任管理模式，以企业管理为主、政府监管为辅。在这之前，没有任何法律规定企业有对煤矿安全监管的责任和义务。《矿山安全法》中对煤矿企业自主安全管理体系有明确的规定，要求企业建立健全安全管理机构，包含安全委员会、内部安全监督机构、安全生产管理体系。在企业内部设置安全监察员，安全监察员从安全委员会中选拔，直接可以对经营者进行安全劝告。煤矿企业在政府监管保障下，对内部制度进行持续性改进，以确保日常安全管理的科学性和紧急救援的时效性。

五、政府补贴改善矿井安全生产条件

日本具备科学的矿井安全检测监控系统，有效地连接作业场所内人员和场外监控人员，通过监测、控制系统等技术对井下安全环境能够做到提早预测、风险规避。另外，通过提高生产技术条件，增强机械化、自动化，减少人工参与数量，减少生命危险隐患。

日本政府在 1965 年颁布了矿山安全补助金制度，尤其对煤矿安全专用设备给予 80% 的补贴，对安全工程（如主要巷道的掘进等）给予 70% 的补贴，重在补贴煤矿中的计算机监控系统、一氧化碳监控系统，提高防灾抗灾能力。对于安全系数较低的煤矿，给予停止生产警告，同样给予补助，以兹整改。煤矿企业若对政府的财政补贴政策有任何建议，可以在监察部门年度检查时提出，也可以申报至煤矿行业委员会，行业委员会将审议结果报送至经济产业省审批。

第五节　英国煤矿安全文化经验介绍

英国的煤矿产业在历史上经历了私有化—国有化—再到私有化的过程，煤矿产业曾经为英国带来能源支撑。"二战"结束后，英国经济恢复，煤矿工业规模达到空前水平。随着煤矿工业弊端（如安全问题、空气污染问题、成本增加问题）的出现，英国政府逐渐关闭了多数低效能的煤矿，向新能源转变。反观英国煤矿事故发生率低的原因，可以归结为完善的法律体系、严密的安全监管体系、能源结构转变的意识。

一、完善的法律体系

英国的煤矿安全法律体系的建立可以划分为三个阶段，萌芽阶段、体系建立阶段、体系完善阶段，如图 7-7 所示。

（1）安全法律体系的萌芽阶段是在1842年以前，这一时期，重大煤矿事故屡屡发生，煤矿环境恶劣，安全隐患大，煤矿工人的生命安全受到严重威胁。煤矿工人的痛心遭遇引发了政府和社会的关注。1835年，政府成立了下议院专责委员会，职责是研究分析事故情况，提供预防方案。民间自发成立了调查组织，如1839年南希尔兹委员会的成立，该委员会向政府提出了对煤矿生产活动进行安全监管的诉求。1840年，政府成立了皇家调查委员会，禁止妇女和13岁以下的儿童参与矿井工作。以上委员会的成立促进了1842年《矿山法》的颁布。

（2）安全法律体系建立的发展阶段是1842—1872年。1842—1850年，英国依旧接连发生重大煤矿安全事故。政府迫于民众的舆论压力，1850年出台了《煤矿视察法》，设立煤矿视察员联合委员会，将全国划分为四个视察区，每个视察区安排一个视察员。政府赋予视察员以干预煤矿生产、调查生产安全隐患的权利。1872年，英国议会研究通过了《煤矿管理法》，扩大了煤矿视察委员会的规模，进一步完善了视察区巡视工作体系，确保煤矿视察区巡视监管的科学性。

（3）安全法律监管体系的完善阶段是在1872—1911年。1872年以后，英国政府更加重视对矿业生产安全的监管，通过颁布相关法律加大对生产安全的监管力度，如20世纪初颁布的《煤矿事故法》等，对矿难的预防和难后救援机制进行了相应的法律规定。随着煤矿安全法律体系的完善和煤矿视察委员会的成立，英国的煤矿安全监管体系也最终建立。

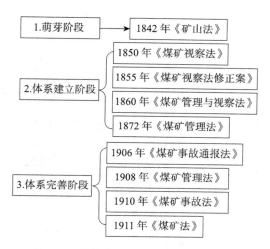

图7-7　英国煤矿安全法律体系的建立

211

二、严密的安全监管体系

进入 20 世纪后的英国，矿难发生率一路走低。原因除了上面的法律机制的完善外，还得益于英国政府和社会建立起来的较严密的安全监管体系。具体组成分为以下几个层面进行阐述。

第一，政府成立专门的监管部门，即英国煤炭局，并在各地区设立安全监察办事处，通过设立年度煤矿安全目标，定期为矿工提供安全培训、对矿业公司基础设施建设定期开展安全审核工作，如图 7-8 所示。

第二，实行煤矿公司经理负责制。根据英国相关法律规定，煤矿公司负责人必须掌握煤矿安全知识，并且通过资格考试，且有下井工作的工作经验。若因违反或忽视安全法规造成伤亡事故，那么煤矿公司负责人将被追究刑事责任。

第三，设立"巡视员"角色，衔接政府和煤矿公司。英国政府设立安全"巡视员"制度，辖区内每所煤矿都有政府派遣的安全巡视员，对矿区的生产环境进行调查问题反馈。一经发现有安全隐患，如排水、通风问题等，可以立即要求停止生产进行整顿。

第四，鼓励社会民众舆论监督。英国政府鼓励民间机构对煤矿安全进行自发监督。因而，英国社会自发成立了煤矿安全监管机构，对煤矿行业进行调查研究，将结果报告公开发表，甚至在刊物上公布相关部门负责人的名字和联系方式等真实信息，供民众舆论监督。

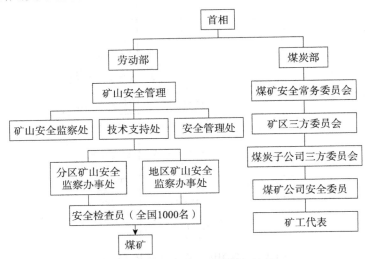

图 7-8　英国矿山安全监察机构图

三、能源结构的转变

煤炭燃烧产生大量的二氧化碳和二氧化硫等物质。这些物质加重了英国的空气污染，一度使得英国的民众饱受重度雾霾的影响。英国的煤矿资源有限，靠低成本开采的煤已经消耗殆尽，剩下的深度煤开采需要利用更多的人力、物力成本。并且，深度煤的开采更具有危险性。因此，如果继续倚重煤矿资源开发，就需要在两个方面加大投入资本。一是对煤矿资源的清洁技术投入，二是对煤矿开采的先进技术投入。两者投入的高成本使得英国政府走向了 60 年的能源结构转型之路。

从 1955 年起，英国政府先后停产关闭了多数低效能的煤矿。从 1913 年 3000 余家煤矿减少至 2014 年数十家。2015 年，英国宣布关闭最后一个深层煤矿，标志着英国进入"无煤炭经济"时代。政府通过用核能、风能、水能等可再生资源渐渐替代煤炭能源。

第六节　各国煤矿安全经验总结

如前一章节所述，以上五个国家在煤矿安全建设方面各有特色，总体来说范围包括法律体系建设、监管机构设置、安全文化建设、紧急救援与技术创新等。总结概括如表 7-9 所示。

表 7-9　五个国家煤矿安全文化情况对比

国别	法律法规	机构设置	理念
澳大利亚	《煤炭工业法》《矿山救援法》《职业健康与安全法案（矿山）》	州政府设有监管严格的安全监管机构；安全监管机构监察员与煤矿雇主、煤矿工人代表共同组成煤矿安全咨询委员会	安全责任控制、安全为天，不安全不生产
美国	《矿山安全保健法》《联邦煤矿安全法》《职业安全与健康法》《矿工法》	矿山安全与健康管理局；教育政策与发展司；矿山教育处；政策与规划协调处；国家矿山健康与安全学院	居安思危的防范理念、3E 理论、安全意识渗透到每个环节

续表

国别	法律法规	机构设置	理念
南非	《职业健康与安全法》《国家环境管理法》《矿山与石油资源开发法》	政府部门；三方机构；中介机构；矿山企业；救援中心；工会	重视安全培训、重视紧急救援保障
英国	《矿山法》《煤矿视察法》《煤矿管理法》	英国煤炭局；煤矿公司经理安全巡视员；民间机构	清洁资源、绿色煤炭

一、澳大利亚煤矿安全经验总结

澳大利亚之所以具有较低百万吨死亡率是因为比较完善的法律法规、科学的管理体系，以及较为成熟的安全文化体系共同作用的结果。首先，较为完善的法律法规为澳大利亚煤矿安全提供了有力的法律保障，其法律特点为同时明确了煤矿企业负责人的责任和监督管理员的责任。其次，科学的管理体系是实现低百万吨死亡率的手段，从州政府到煤矿企业管理者，从煤矿企业管理者到企业工会组织，从企业工会到基层煤矿工人，其中每个环节都具备参与煤矿安全生产监督的责任和义务。而安全文化体系建设是煤矿安全事业发展的基石。澳大利亚政府重视安全意识的培养，全社会范围营造煤矿安全文化氛围，同时建立较科学的安全教育培训体系，提升煤矿职工的安全意识和专业水平。

二、美国煤矿安全经验总结

美国在煤矿安全建设方面经验丰富，值得借鉴。首先，同其他国家做法类似的是，美国对煤矿安全立法重视程度较高，多年来不断根据现实情况推进法律法规的完善。其次，美国从技术层面加大力度支撑煤矿安全生产。例如，从煤矿开采到加工，从煤炭加工到紧急事故救援，政府加大资金投入，鼓励技术创新，重视职工的人身安全。同时，美国同样重视对煤矿职工的安全教育培训，具备鲜明的培训组织架构、明确的职责分工、丰富灵活的培训形式。最后，美国在煤矿安全发展中提出了一个著名的"3E"理论。理论主要阐述了煤矿企业应该完善法治建设，加强监管，加大技术投入，引入简化的、智能的生产设备、防护设备，加大力度营造健康的一线工作生产环境，推进开展安全教育培训工作，丰富安全教育内容。

三、南非煤矿安全经验总结

南非在煤矿安全建设方面的措施包括建立更完善的法律体系，建立严密的安全监察体系，重视培训，重视紧急救援设备建设。近年来，南非在煤矿安全建设方面效果明显。除了跟上述国家做法一致的几个方面外，南非具有自己的特色，即建立了 NOSA 五星安全管理体系，用于评估煤矿企业运营每一个层面的安全情况 NOSA 体系从多个层面、多个要点，全面地评估企业安全建设情况。这一评估体系如今被多个国家借鉴应用。实践证明，NOSA 五星评估体系能够持续性改进企业经营的积极性。我国可以根据自身国情，将此评估体系本土化应用。

四、日本煤矿安全经验总结

日本在煤矿安全建设方面同其他国家相同的做法有完善法律体系，构建监督机制，重视安全教育培训。与其他国家不同的做法包括提高社会安全责任意识，政府补贴改善矿井安全生产设备，以及培训中心的建立。其中较有名的是"手指口述"工作准则和"零缺陷"管理模式。另外，日本矿山管理过程中的"人本管理"理念值得我国借鉴，有助于安全文化建设，有利于提升煤矿职工的安全思想意识，有助于营造良好的社会安全生产氛围。日本早在 20 世纪 60 年代就重视煤矿的安全设备防护情况，设置安全补助金制度，补助煤矿对安全监控系统的安装和运行。日本斥巨资建立两个较大的矿山安全培训中心，培训中心的设施和运营机制值得我们借鉴。除此之外，培训中心的建立可以看出日本政府对煤矿安全的重视程度，"人本管理"的理念令人深思。

五、英国煤矿安全经验总结

英国的煤矿行业经历了多次复杂的所有制变换。目前仅有少数煤矿企业保留，并且近年来百万吨死亡率几乎为零。从英国的安全建设经验中可以看出，英国同样重视对法律体系与监管体系的建立和完善。和其他国家做法不同的是，英国对能源结构的根本性转变，使得英国进入了清洁能源时代。当然，这种巨大的转变和英国的国情有关，但对煤炭资源的高效利用，以及对清洁能源的大力开发值得我国借鉴。对于煤炭资源高效利用的技术，我国应该加强与国外的交流研究，引入先进技术将煤炭资源转变为清洁的能源。我国的煤炭资源应用有待统一规划，合理布局。除此之外，我国应该结合本国国情，在经济发展新时期新阶段，转变能源供给结构，开发更多的可再生资源，改善环境，促进生态文明建设，改变煤矿行业发展不均衡，可再生能源行业发展不充分的现状。

第八章 完善我国煤矿安全文化体系的对策和建议

第一节 深化煤矿安全文化体制改革

煤矿安全文化是指政府通过在法律法规设计、技术创新研发、制度体系建立等方面采取一系列措施以减少煤矿事故的发生率，保障安全生产。煤矿安全文化属于新兴规制理论，可划分至社会性规制中的工作场所安全文化范畴。煤矿安全社会性规制的思路主要涉及事故原因分析、安全文化弊端分析、改进措施分析三个方面。煤矿安全社会性规制可以有效预防煤矿安全事故，但规制的合理程度直接关系到煤矿行业的市场效率。从以往经验来看，我国煤矿安全事故频发的根本原因是政府对煤矿安全文化的失灵。因此，政府应该提高对各个利益方的长期发展与效益的重视，通过建立灵活有效的激励机制，将政府规制与市场化治理相结合，把政府社会性规制控制在合理的范围内。我国的煤矿安全文化体制有待完善，关键点包括进一步转变政府职能，进一步优化全国煤炭资源供给结构，建立良好的外部环境，细化规制部门的权责等。

一、加快转变政府职能，建设服务型政府

深化政府职能改革，由"全能型"政府向"服务型"政府转变。"服务型"政府指的是从社会本位理念出发，以解决问题、提高效率为目标，通过法定程序，以服务者的角色承担相应责任。对于煤矿安全问题来说，政府需要进一步改变与煤矿企业之间的关系，简政放权、平等民主、公开公正，与煤矿企业形成健康的伙伴关系。从实际出发，了解并挖掘煤矿企业在安全生产方面存在的问题和需求，

以目标为导向，设计开发切实可行的改进方案，有效地解决煤矿安全问题。毋庸置疑，煤矿企业对自身的安全生产条件最为了解，所以为了更好地解决煤矿安全问题，应该促成煤矿企业与政府部门之间形成合作伙伴关系。政府要向服务型政府转变，调查倾听煤矿企业的切身需求，在制定煤矿安全政策时能够主动与煤矿企业沟通，通过民主、平等的方式，公开对话。通过对话沟通，政府可以在关于煤矿企业的安全设施设计、煤矿新设备的应用、紧急救援机构设置、培训方案制定方面研发更加实际、有效的政策。并且，政府要对煤矿企业进行一定程度的权利下放，让煤矿企业有权利能够根据自身的实际情况对自身进行管理，制定切合实际的计划、措施等。如此，煤矿企业与政府能够在安全问题上达成共识，不落下任何安全隐患盲点，同时也能提高企业对政府规制的执行力和反馈能力。

其次，加强政府规制工作的透明度。因为规制过度导致的权利滥用会导致规制失灵，不仅降低政府公信力，还有损于公众信心。所以在改变"全能型"政府模式，确立有限政府观念的同时，要加强政府规制工作的透明度，能够确保相关利益方可以了解整个规制过程和结果，也能够随时发现问题和提出问题，提高规制改革的效率。

二、完善分类控制规制体系，优化煤炭工业的供给结构

由于中央政府与地方政府对煤矿行业规制目标的差异，以及各地区煤炭资源的天然禀赋和开采情况不同，中央政府的安全文化对煤炭工业生产具有双重性。通过学者的理论分析，认为实行对各个地区（省区）煤炭企业实行分类控制的规制策略，以负向激励为主、正向激励为补充的混合奖惩手段将有利于深化我国煤炭生产行业布局，从而达到优化煤炭行业供给结构的目的。

（1）完善按地区分类的规制策略。国家发改委、国家能源局发布《煤炭工业发展"十三五"规划》中提出，目前我国煤炭工业发展战略布局是压缩东部、限制中部和东北部、优化西部。由于东部煤炭资源开发殆尽，并且地理条件导致开发条件复杂，开采加工成本高。中部和东北部地区煤炭资源多在地底深处，企业投资边际效益逐渐走低，因此要限制这两个区域的高强度煤矿开采。而西部地区具备天然良好的开采条件、资源丰富，对此应给予正向激励策略，加大资金投入

和政策补贴，鼓励增加资源开发力度。

（2）优化煤炭工业的供给结构。煤炭资源在我国能源供给和消费中占据重要地位，如表 8-1 所示，自 1978 年以来，煤炭资源在我国能源消费中占到 70% 以上，虽然近年来有所下降，但仍在 60% 以上。因此，可以借鉴英国"绿色煤炭"战略，实行绿色开采、绿色加工、最大回收、最小排放的循环经济发展模式。用"绿色理念"开采"绿色煤炭"，尽最大可能减少煤矿开采对环境造成的影响，综合开发利用矿区范围内的除了煤炭之外的其他矿产资源，如瓦斯能源、地下水资源等，保证合理的资源回收率。人的生命安全是一切开采活动的前提，所以除了提高煤矿资源的回收效率，保障人的生命安全也是煤矿企业"绿色开采"的基本要求。我国的"绿色煤炭"战略应该抓住经济新常态这一契机，通过政府对煤矿行业的安全文化推进煤矿业供给侧改革。改革落脚点包括淘汰落后产能，提升中小煤矿进入门槛，推进开发利用可再生能源。通过加大力度调整产业结构，对高污染低效率煤矿实行淘汰退出机制，加快关闭事故发生率较高的煤矿。严格把控中小煤矿的准入门槛，积极推动国有大型煤矿对中小型煤矿的兼并，提高社会安全生产水平。加大对节能低耗产业的资金投入力度和政策支持水平，促进煤炭安全绿色开发和清洁高效利用。

表 8-1　1978—2016 年能源消费总量及构成

年　份	能源消费总量（万吨标准煤）	占能源消费总量的比重（%）			
		煤　炭	石　油	天然气	一次电力及其他能源
1978	57144	70.7	22.7	3.2	3.4
1980	60275	72.2	20.7	3.1	4.0
1985	76682	75.8	17.1	2.2	4.9
1990	98703	76.2	16.6	2.1	5.1
1991	103783	76.1	17.1	2.0	4.8
1992	109170	75.7	17.5	1.9	4.9
1993	115993	74.7	19.2	1.9	5.2
1994	122737	75.0	17.4	1.9	5.7

续表

年 份	能源消费总量 （万吨标准煤）	占能源消费总量的比重（%）			
		煤 炭	石 油	天然气	一次电力及其他能源
1995	131176	74.6	17.5	1.8	6.1
1996	135192	73.5	18.7	1.8	6.0
1997	135909	71.4	20.4	1.8	6.4
1998	136184	70.9	20.8	1.8	6.5
1999	140569	70.6	21.5	2.0	5.9
2000	146964	68.5	22.0	2.2	7.3
2001	155547	68.0	21.2	2.4	8.4
2002	169577	68.5	21.0	2.3	8.2
2003	197083	70.2	20.1	2.3	7.4
2004	230281	70.2	19.9	2.3	7.6
2005	261369	72.4	17.8	2.4	7.4
2006	286467	72.4	17.5	2.7	7.4
2007	311442	72.5	17.0	3.0	7.5
2008	320611	71.5	16.7	3.4	8.4
2009	336126	71.6	16.4	3.5	8.5
2010	360648	69.2	17.4	4.0	9.4
2011	387043	70.2	16.8	4.6	8.4
2012	402138	68.5	17.0	4.8	9.7
2013	416913	67.4	1.1	5.3	10.2
2014	425806	65.6	17.4	5.7	11.3
2015	429905	63.7	18.3	5.9	12.1
2016	436000	62.0	18.3	6.4	13.3

数据来源：国家统计局网站数据。

三、优化煤矿安全文化的外部环境

煤矿安全文化的外部环境建设主要是社会舆论反馈机制建设。政府部门应该重视舆论环境建设，因为社会舆论代表着人民可以实行民主权利，这种以人为本的理念也映射了上文中所提到的"服务型"政府建设。社会舆论监督有三种形式，包括舆论监督、社会团体监督、公民监督。我国煤矿安全事业建设，政府应该大力支持社会舆论监督，保护社会监督反馈渠道，有利于营造重视煤矿安全生产的社会氛围，有利于激发企业对煤矿安全建设的主观能动性，有利于公平公正地解决煤矿安全问题。关于如何优化煤矿安全文化的外部环境，具体措施如下。

优化煤矿安全文化的外部环境，需要借助新闻媒体的宣传和监督功能，通过对煤矿企业安全监察的法律法规和安全知识的全方位宣传，提高社会整体的安全意识水平，提高各个群体的信息对称程度，鼓励新闻媒体对有重大安全生产隐患的企业及时曝光，从而促进安监工作的进展。除新闻媒体外，政府应该倡导群众参与安全生产监督工作，建立有效信息举报奖励机制，调动群众积极性。通过媒体和群众的合力监督，有效地扫除寻租机会，提高一切违法行为的风险成本。同时，也可以通过设立具有社会性质的第三方煤矿安全监管机构，对煤矿安全进行专业性评估，客观、独立地对煤矿企业进行持续性全面评价。

四、建立独立的规制机构，实现政企监的分离

煤炭行业规制机构必须独立于政府政策制定部门。从目前中国煤炭企业监管情况来看，规制权利不仅分散于不同的政府部门之间，还分散于政府和企业、政府和监管部门。因此，在设立煤炭行业规制部门之前，必须重新划分涉及的政府部门的职责权限，重新配置权利和职责。细化政府各个部门的职责分工，确立各部门之间相互制约、相互监督的关系，防止各级机构之间职责交叉，导致规制过度或者失灵。同时，通过出台相关法律法规确立司法机构对安全监管部门的监督职能，提高对安全监督检查工作中失职行为的重视程度，加大对规制者的处罚力度，提高问责的准确性，做到有的放矢，提高安全文化的绩效。

第二节　加强煤矿安全监管，推进执法专业化

目前，我国的煤矿安全监管仍然存在浮于表面、流于形式的现象，即使能够建立如上文中提到的科学的规制体系，倘若监管不力，也不能有效执行法律效力，法律法规难免流于一纸空文。因此，加大煤矿安全的监管力度，改善监督管理体系，推进执法监管专业化水平迫在眉睫。

2017 年 12 月，全国煤矿安全监管执法座谈会在北京召开。时任国家安监局局长黄玉治指出，近年来煤矿安全监管执法工作取得显著进步，但仍存在一定程度的监管监察执法不适应、不到位的问题，提出要贯彻十九大精神，提高执法基础能力建设，推进执法规范化、专业化、信息化，进一步提高执法质量和水平，努力实现事故总量、较大事故、重特大事故、百万吨死亡率"四下降"。

一、明确煤矿安全监察和监管的职责

上文中美、英、澳等国煤矿安全文化的成功经验告诉我们，煤矿安全生产制度的执法监督能力决定了法律制度的效力。鉴于国外的经验，我国可以成立一个第三方机构，主要负责安全评估、风险评估和事故评估。例如，在煤矿企业设置监察机构，与地方政府的监管机构形成分工协作、互相监督关系。相关政府部门应对政府监管机构和煤矿企业监察机构进行科学界定并明确其各自的职责。各级政府监管部门应该保持国家对煤矿安全监管的权威性，并接受驻地监察机构的指导和反馈，各级煤矿安全监察机构要主动接受地方监管部门的工作指导，相辅相成、分工协作。

二、加强监管责任落实严格追究责任

政府部门要提高对煤矿企业监管力度的重视，科学设置安全监管和安全监察机构，科学培训相关监管人员，明确政府及煤矿企业负责人的法律责任，对安全生产制度的落实情况加大力度跟踪监督。平时对煤矿企业负责人加大培训力度，

学习先进的管理方式，学习先进的设备使用方法，随时保持高度的安全意识。严格实行奖惩制度，对于存在安全隐患的煤矿企业，必须对其限期停业整顿，直到符合安全生产的要求，才允许开矿。按照国家对煤矿产业发展的新要求，要大力推进煤矿资源整合，提高符合条件的小型煤矿的装备水平和生产规模，关闭不合理、生产力落后的煤矿，鼓励倡导国有煤矿通过兼并、收购等形式对小型私人煤矿进行改造。

三、加强队伍建设，强化执法的专业化和标准化

我国矿山安全执法队伍人员素质高低差别较大，部分监管人员缺乏专业背景，人员结构不尽合理，因此要加强矿山安全监管人员的素质管理水平。人员结构造成了我国矿山安全执法队伍专业性有待提高，应该着手建设更为专业的安全监管队伍，剔除非专业人员。建议对矿山安全设立年度监察制度，明确对各个矿山的检查时间，并记录和认真总结每次监察中所发现的问题和不足，提高对偏远地区矿山的安全监察重视程度，严格按照年度计划对煤矿开展监察工作，争取实现矿山安全监察"全覆盖"。

四、突出企业主体责任，加强安全基础工作

煤矿企业有义务执行政府部门的安全管理政策，若在生产中为了经济利益肆意开采，而忽视煤矿工人的生命财产安全，政府部门将对其立即给予关闭整顿处分，并根据实际情况给予行政处罚。同时，煤矿企业有责任把安全生产责任贯穿到日常安全基础工作中去，严格排查安全隐患，确保安全条件符合生产要求。因此，严格落实安全生产责任制是保证安全生产的关键，应该将安全生产责任制落实到各个层级负责人，重点包括以下方面。

一是落实矿井主要负责人责任。确保煤矿企业建立健全的矿井安全生产责任制，明确企业内各级岗位人员的安全责任，确保制定了严格的考核机制和奖惩机制。

二是落实矿井安全管理人员责任。确保安全管理人员能够严格对现场作业的安全情况进行提前检查，并跟踪作业人员监督其操作是否合规，每次检查记录都

要存档。

三是落实现场作业人员责任。确保作业人员上岗前以具备本岗位从业资格，并且能够对现场和周边环境具备敏感性，具有自我防范意识，具备应对突发情况的能力。若将企业主体责任落实到日常工作中的细节中去，相关责任内容如表8-2所示。

表8-2 企业主体责任内容

有关方面	内　　容
责任机构	建立安全生产责任制，建立奖惩机制，建立人员数量配备合理的监管机构。如成立安全生产委员会等
学习培训	将学习培训常态化，如每月组织集体培训一次，学习最新的安全法律法规，并将培训资料记录存档。制定本年度企业安全管理工作计划、教育培训计划以及相关实施方案，不同岗位人员培训计划不同。为每位员工建立安全生产培训档案，记录其参加培训的时间、内容、考核成绩等
定期监察	建立覆盖所有作业场所的全面的安全监察机制，制定详细的检查表，严格遵照时间，将监察结果上报给安全监管机构。定期组织安全检查，建立隐患整改台账。创建安全生产日常标准，定期开展事故总结预防会议
其他事宜	制定涵盖生产经营全过程和全体从业人员的安全生产规章制度和操作规程。及时足额提取并切实管好用足安全费用专户存储。为从业人员发放符合国家标准或者行业标准的劳动防护用品，并监督教育其正确佩戴和使用。应急救援预案备案及演练。单位负责人带人下井，并建立负责人下井记录档案。定期核查营业执照、安全生产许可证等是否有效，安全管理人员及特种作业人员是否持证上岗，新入职员工是否完成岗前培训

第三节　推进煤矿安全质量标准化建设

煤矿安全质量标准化是指在煤矿企业内部日常管理环节，贯彻落实国家安全生产法律法规，遵守煤矿行业技术标准规范，建立健全企业内部每个管理环节的安全生产工作标准、安全规程和岗位责任制。2017年国家矿山安全监察局印发了《煤矿安全生产标准化考核定级办法（试行）》和《煤矿安全生产标准化基本要求及评分方法（试行）》。对煤矿安全生产标准化有了新的要求，新标准仍然是三个级别等次，但其中一级标准更新为要求煤矿安全生产标准化考核评分90分以上，并且要求生产能力低于30万吨/年的矿井单班入井人数不得超过100人。煤矿安全质量标准化是加强煤矿企业安全生产工作的行之有效的管理体系和方法。通过建设煤矿安全质量标准化可以强化煤矿企业安全生产主体责任。关于如何推进煤矿安全质量标准化建设工作，政策建议如下。

一、从规程措施编制源头重视标准化创建工作

严格实施煤矿安全准入制度，按照设计标准严格施工，从源头上严把质量关。第一步从矿区开采方案设计、巷道安全防护设计、机械设备配套、原材料选材等问题上严格控制质量标准化程度；第二步，严把生产施工材料使用质量关，从材料、设备、配件等进矿到下井，实行严格的质量验收手续，严格控制不符合要求的材料、配件等的投入使用；第三步，开工后，对企业单位实行一票否决制，只要一个监管机构认定不合格，就必须重新整顿。要求所有煤矿企业要按照新标准进行自查，对于潜在的问题和隐患要及时进行整改，按照标准化一级标准推进达标创建工作。同时，相关部门要推进对小型煤矿的安全技术水平改造，研究颁布政策文件，改进小型煤矿原有的技术水平落后、设备工艺薄弱、安全保障能力低等问题，提高小型煤矿的机械化水平。

二、继续强化安全质量标准化工作监管

各级煤矿监察机构要监督企业严格落实领导带班下井制度。继续严格排查煤矿生产安全隐患，建立风险预控管理体系，整改存在重大隐患单位，并对整改效果进行评价考核。积极推进问责制度，成立安全生产标准化工作领导小组，明确各层级责任义务，细化各层级分工，定期召开煤矿安全生产标准化工作会，提升班组安全管理水平、安全防范技能水平、企业安全文化建设水平、安全生产政策贯彻落实水平，强化企业安全生产工作的长效机制。可以将煤矿安全生产水平由高到低划分为三个等级，作为评估煤矿安全生产状况的标准。通过对煤矿企业进行定期评估，按标准进行定级，分类实施管理，对多次评分较低的企业按标准进行关闭或停业整顿处理。通过建立"常态安全检测系统"，对所有管理监察人员

进行系统管理，多方位控制，全员参与。

三、注重典型模式的示范带动

在煤矿安全质量标准化建设工作中,可以通过"以大带小""以点带面"的模式,宣传推广示范点标准化建设成果,带动全国煤矿行业企业安全标准化建设。例如,宁夏在深入推进煤矿安全质量标准化工作中,先在全省的煤矿企业中选择了一个生产能力较强、设备水平机械化较高的矿井作为创建目标。用此示范点带动其余市县乡镇煤矿,对于安全生产条件较差的小型矿井进行重点帮扶,从而确保全省安全质量标准化成效。安全教育培训全省推进工作也可以运用这种典型示范带动模式,对目标煤矿严格要求,全方位开展安全教育培训工作,以点带面,加强省内各个煤矿之间交流学习,倡导煤矿职工利用业余时间参加集中培训,通过专业技术人员对重点的解读,强化企业职工对安全标准化工作的理解深度和应用能力,从而真正使得企业职工能够做到知标准、用标准,从而确保全省安全教育培训成效,进而增强企业凝聚力和向心力。

四、将标准化创建工作常态化

煤矿安全质量标准化建设工作应该与日常工作相结合,发展成一种常态机制。从岗位标准、专业标准、企业标准角度将标准化建设工作日常化。日常的工作包括安全生产隐患排查治理工作、安全生产许可证的申请与发放、安全专项建设工程的验收、安全文化建设工作、职工安全教育培训工作等。

日常工作中为职工树立"生产必达标、达标必安全"的理念。在矿井巷道、材料库区、机电设备区设立安全警示标语,对机械设备进行编码化管理,对井下的电缆、风水管路、照明设施等进行模块化统一管理。确保现场标准化动态达标。要求职工以标准化岗位操作严格规范作业行为,引导广大职工干标准活、上标准岗,增强安全生产标准化工作执行落实的主动性、自觉性。同时,不断加强矿井文明生产建设工作,在井下大巷、材料放置区、机电设备等地悬挂相应安全标识牌,明确材料、设备用途、技术参数、包机责任牌等内容,调整线缆悬挂,对设备、设施进行编号,统一图牌板,实现电缆悬挂一条线,风水管路一条线,照明灯具一条线，图牌板悬挂一条线；狠抓习惯养成，引导干部职工牢固树立"不达标不生产、不达标不安全"的理念，切实提升标准化建设水平。

第四节　加强煤矿安全软实力建设

煤矿安全文化建设相当于整体煤矿安全建设中的精神层面建设。良好的安全文化氛围将是煤矿安全工作的基石，科学的法律法规是煤矿安全工作的有力保障，健康的安全生产环境是煤矿安全工作的必要条件。协同提高对职工的安全文化思想建设、煤矿行业的法治建设、生产环境的建设，将能够为煤矿安全事业提供有力的软性支撑和保障。主要内容包括重点提升"以人为本"的安全思想境界，包括监督机制、奖惩机制的法治建设，安全生产环境建设等。安全文化建设的结构和模式如图 8-1 所示。

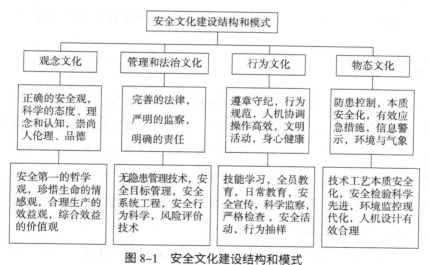

图 8-1　安全文化建设结构和模式

一、提升"以人为本"的安全思想境界

从上文国外经验中可以看出，在预防矿难事故的众多因素中，矿工是否自律、自觉地遵守煤矿规章制度、设备操作规范的态度很大程度上决定了煤矿安全事故的发生率。因此，加强煤矿安全文化建设对培养矿工安全价值观念具有

重要意义。从转变煤矿行业人员理念的层面来提升安全思想境界，主要可以通过以下三个着眼点。

首先，要确立正确的安全文化核心。"安全第一""以人为本"的安全理念是煤矿开展生产的核心价值观。煤炭企业必须清楚认识到从业职工生命安全的重要性，在平时开展生产活动时要注重尊重职工、关注职工、关爱职工。只有将"以人为本"的理念深入落实到煤矿运营的各个环节，才能最大限度地激发职工的积极性和团结力。

其次，营造良好的安全文化氛围。政府相关部门或者煤矿企业可以通过网络媒体、纸质媒介等方式，传播、宣传安全防范意识，宣传科学管理的重要性，宣扬安全协作精神，将安全防范理念的形成方式变成一种常态，形成浓厚的、健康的安全文化氛围。

最后，建立健全人性化的文化管理制度。通过"以人为本"的安全文化核心的树立和良好文化氛围的营造，可以通过进一步的人性化文化管理来推进人本安全思想境界的提升。例如，可以通过培训的手段来管理文化建设。

二、加强安全生产法治建设

首先，加快安全文化建设需要法治体系和监督机制做保障。安全的执法环境和完善的法规是安全文化建设的基础保障。因而应该加快健全安全生产法规体系建设，研发与《安全生产法》相适宜的配套法规，完善安全生产技术规范的制定和标准修订。将定期进行基层文化活动发展成一种常态，形成一种活动制度，发挥文化建设对煤矿企业发展的影响力和凝聚力。安全管理制度的制定应该不仅考虑经济效益，更应该重视职工生命安全。

其次，有效的监督机制能够改善安全生产法规的落实水平。监督机制可以分为内部监督和外部监督。内部监督指的是企业内部各管理层之间相互制约的监督机制。外部监督指的是政府相关部门、社会第三方机构以及社会舆论对煤矿企业的协同监督机制。

最后，可以通过引入奖惩机制对安全文化建设添砖加瓦，物质或者精神上的激励行为可以一定程度上推进煤矿企业安全文化建设。

三、加强生产环境的建设

较好的煤矿环境建设不仅可以提供硬性安全生产条件，也可以为企业安全文化建设提供资金、物质支持。良好的安全生产条件能够让职工感受到浓郁的安全氛围，增加对工作单位的归属感，激发工作热情，有助于改善煤矿企业管理效益，有助于安全框架的建立。因此，可以采用有效措施来营造良好的生产环境，同时为保证安全文化建设的长效机制，煤矿企业需要加强对软硬件建设设施的投入。

四、以实践性目标为导向

安全文化建设要避免流于形式，要具备较强的实践性、应用性、操作性。上文中所提到的对矿工思想境界的提升，安全生产法治建设，以及对安全生产环境的建设，都必须从实际情况出发，以结果为导向。从国外经验可以看出，美国、英国等国家的煤矿法律体系都是在不断调整不断优化的，始终在根据不同阶段所表现的不同情况进行完善。我国有关的煤矿法律有待适用性和实用性考察。另一方面，提升矿工安全生产的思想境界是一项具有长效性机制的工作，需要定期根据现实情况改进规划。对于生产环境建设，应该因地制宜，根据每个煤矿企业的自身情况，制定个性化方案，以矿井下职工的需求为导向，多参考一线职工意见，做到集思广益。

（1）要做好整体规划。协调应用制度、组织机构、人员分工、资金投入等各部分力量，形成系统化体系，制定科学的、操作性较强的实施模式。要注重创新，持续地根据阶段性目标，不断地完善方案和发展模式。始终坚持以实践性目标为导向，以适应煤矿生产实践和发展需要为目的，不断探索更加多样、更加丰富的形式，完善具有长效机制的安全文化理论。

（2）要不断完善煤矿企业的组织架构。要建立较细致的制度网、较有效的控制体系，形成科学有效的反馈机制，能够让煤矿职工自觉按照安全行为规范参与日常生产，提高安全管理水平。

（3）形成适应我国国情的安全文化评价体系。科学有效的文化建设考核机制可以对改进文化建设方向和实现目标提供指导。我国应该组织专业人员，借鉴国外经验，了解本土煤矿企业安全文化建设工作的弱点，结合矿业发展现状，通过引入计算机系统、人工智能系统等科技手段，研发出可用的评价考核模型。

第五节　加强煤矿安全培训，提高煤矿工人素质

据不完全统计数据，2013年，我国全年共培训高危行业企业负责人近37万人，培训安全管理人员达73万人，其中包括煤矿行业相关负责人和煤矿安全管理人员。目前来看，我国的安全培训工作的覆盖面和培训质量仍有待提升，在新时期新阶段，必须进一步提升做好安全培训工作的使命感，进一步加强安全培训工作的成效。

从美国、日本、澳大利亚的煤矿安全管理经验都可以看出，建立科学有效的安全培训体系对国家煤矿安全建设具有重要意义。有效的培训机制有助于安全文化建设，是提高矿工安全意识和思想境界的手段。要加快对安全培训教育制度的完善，加强监督机构和煤矿企业对培训制度的执行力，逐渐调整改善煤矿工人组成结构，提升整体工人素质和专业水平。同煤矿安全文化建设一样，安全培训工作也具备长期性特点，所以安全培训体系建立后需要根据不同阶段，根据效果反馈进行调整和改进。

一、加快完善安全培训教育制度和体系

为保证煤矿企业的安全生产，完善的培训教育制度和科学有效的培训体系是基本条件。目前国内各矿井已建立起一套安全生产培训体系，其中涵盖政府部门、煤矿企业、第三方机构等，各机构针对自身优势和职责对培训内容和培训策略各有规划，主要对象是针对煤矿企业负责人。另外，我国正在组建一支专业性较强的安全培训队伍，吸纳人才，成为长期煤矿安全培训工作的人才储备。同时，一些培训制度问题也显露出来，例如各项制度文件下发后，各单位没有及时地贯彻落实文件精神，或未采取较为透明有力的组织、宣传方式，导致文件精神流于形式。

因此，相关部门需要及时更新完善现行体系制度，及时发现问题，及时纠正问题，明确各层机构间的责任分工，确保培训机制科学有效。另外，我国缺少健全的培训的准入、淘汰、考核机制导致了以往培训工作的流于形式，甚至为达指

标弄虚作假等情况的发生。相关部门应进一步对煤矿培训的准入、淘汰、考核机制进行研究，制定统一的安全培训机构评估标准，责任追究标准等，形成系统的考核机制，逐层、逐级明确职责权限，细化分工。

二、改善煤矿工人结构，提升煤矿工人素质

从 1990 年开始，我国煤矿企业的工人主体由农民逐渐替代了专业的矿工。目前煤炭从业人员多为农民工，大多数的文化水平在初中或以下，专业知识的缺乏和学习能力的欠缺成为煤矿安全工作的阻碍。因此，如何加强对农民工主体的培训教育工作，是煤矿安全培训中的关键。对此，煤矿企业应该根据农民工这一群体的特殊性，制定专门的安全培训指导方案，重点放在实际操作和演练上，同时提升农民工的安全意识。并且，农民工必须得达到岗前培训标准后才能上岗。其次，煤矿企业应与农民工签订三年以上或长期劳动合同，避免人员大量更换，与安全培训脱节。继续鼓励社会培养煤炭行业高精尖人才，鼓励高校重视煤炭相关专业学科建设。政府给予一定的优惠政策，通过设立奖学金、减免学费、就业优先等方面，提升社会煤炭行业高材生数量。煤炭企业应该制定更加合理、科学、人性化的人才晋升机制，吸引并留住优秀的人才队伍。

三、教育培训工作要以结果为导向

应尽量避免煤矿安全培训流于形式。安全教育培训具备长效机制，短时间内效果有限。又因为安全教育培训需要投入较多的人力和物力，煤矿企业容易将此工作概念化，形式化。因此，相关监管部门应该加强对煤矿企业安全教育培训工作的重视，并加大力度对其进度和效果进行不定期检查监督，同时建立科学的奖惩机制，对于安全教育培训体系运行较好的企业给予税收优惠等政策支持，而对于培训环节疏漏的企业，给予罚款等行政处罚。关于如何推进切实可行的安全教育培训工作，具体措施如下。

（1）要因地制宜地对煤矿企业的实际安全情况进行定期考察，掌握不同时期的培训弱点，制定下一期培训的目标和方案。

（2）要建立企业考核评估标准，对培训过程和结果要进行存档。相关部门要

对煤矿企业的安全培训情况进行监督抽查，一经查出不符合规范或者弄虚作假的情况，要对煤炭企业进行相应的处罚。

（3）煤矿企业可以通过设立一些有利于提高职工安全意识的比赛类项目，调动职工的主观能动性，激发企业活力。或者，可以研究设计国内培训结果评比活动，增加国内煤矿行业内部交流学习机会，提高煤矿企业相关负责人的思想先进性。

（4）加强培训工作的后期效果跟踪和总结，从职工的反馈中总结经验和教训，对于应该改进的，应积极采纳并认真落实，始终保持以培训结果为导向这一宗旨不变。

四、改善安全教育培训的硬件设施

我国可以通过引入仿真培训系统来提升培训质量和效率。仿真培训系统能够对瓦斯爆炸、火灾等情况呈现出虚拟仿真环境，接受培训人员可以在其中更清晰地了解危险隐患，演练紧急救援，危险情况处理等。能够使得受训人员完整、接近真实地感知灾害发生的机理、发生的过程。这对煤矿安全培训来说是一个既有效率又有质量一种方式。仿真培训系统可以转变成远程模式，偏远地方的矿山企业也可以通过远程系统让员工参与仿真培训演练。一方面能够节约较多的培训成本，另一方面提高员工安全意识。

关于仿真培训系统的引入和应用，应该充分借鉴和参考国外经验，加大与国外有经验的国家在仿真系统方面的交流力度，安排固定人员参与国外学习，加大国内煤矿行业内部交流学习力度。总之，要最大效益地利用好仿真系统这一科技成果，做好培训记录，改进培训方案，将对此设备的资金投入和人力投入落到实处。

第六节　煤矿人力资源管理

煤矿人力资源管理范畴较大，涵盖了职工安全教育培训建设。煤矿行业的人才培养计划，除了教育培训之外，还包括如何选人、如何用人、如何进行薪酬管理、如何进行长期人才储备等方面。从国外经验中可以看出，日本的人本管理理念效果比较突出。我国应该充分借鉴国外经验，促进企业与专业人才有效衔接，促进煤矿企业职工结构优化，提高行业人才综合素质。因此，推进煤矿人力资源科学管理对降低煤矿事故发生率有重要作用。关于如何能够改善我国煤矿人才结构，形成技术人才梯队，完善采矿、测量、通风安全、机电等方面的专业人才建设，提高职工对企业的满意度。具体从以下几个方面详细阐述。

一、对煤矿行业人才培养体系的长远规划

目前我国煤矿行业专业人才匮乏，尤其是机电技术、采矿安全类专业人才匮乏。国内人才供给不足，国外人才引进困难。人才支撑薄弱导致煤矿行业安全建设捉襟见肘。因此，我国应该建立煤矿行业人才长远培养规划体系，为国内煤矿行业输送本土人才。从三个方面着手，一是政府相关部门提供政策引导支持；二是大专院校等教育机构响应政府号召，对培养煤矿专业人才加大倾斜力度；三是煤矿企业紧密结合政府和教育机构，配合执行人才长期培养策略，加大投入引进人才。具体说明如下。

政府相关部门应该着手提高社会教育机构对煤矿安全教育学科建设的重视程度，加大对教育院校的政策扶持、扩大大专院校对煤矿类专业的设置、扩大采矿技术专业的招生规模，利用增设奖学金、减免学杂费、鼓励引导就业等方式将煤矿专业技术人才输送给煤矿企业。同时，煤矿企业方面应该加强同科研院所的交流合作，在企业内部设立自有安全技术科研小组，让引进的高校人才保持科学技术先进性，同科研院所一道为企业高效地解决安全技术难题。紧密结合政府机构、大专院校、煤矿企业、学生各部分利益，协调成完整的人才输送引进系统，解决了煤矿行业专业人才匮乏的难题。煤矿企业若要形成正确的人才培养长期规划，就要形成"以人为本"的创新用人理念，通过改善薪酬管理、外在工作环境、职位晋升路径来不断满足各个层次岗位员工的需要，持续性调动梯度人才的主观能动性，培养人才队伍对企业的归属感和责任感，实现企业发展和个人发展的双赢。

二、企业内部对人才的资源管理

企业对人才的资源管理是人才培养的终端环节，企业对人才管理是否具备科学性决定了优秀人才是否能够发挥其价值。现有的企业人力管理体系包括企业选

人、薪酬管理、职工监管、优化用人数量、人才储备。具体建议如下。

（1）在企业选人方面。煤矿企业人力资源部门在招聘时应提高门槛，按照提前制定好的聘用标准来选拔责任心强、工作态度端正、具备安全意识和一定专业技能水平的人才。企业可以选择邀请其他监管机构一同按照员工准入标准和人才选拔工作流程选拔人才。对于特种作业人员和技术人员，企业应该用更多的优惠政策和更大的资金支持来引进稀缺人才。对于优秀的技术型退休职工，可以对其实行返聘政策，继续发挥技术专长。为企业难点技术的攻克提供宝贵经验。

（2）薪酬管理。通过改进薪酬管理体系，将薪酬管理分为基本薪酬和安全薪酬两个部分。安全薪酬则与安全考核制挂钩，奖惩分明，更加彻底地提高煤矿职工的安全自觉性。可以采用以下手段来健全薪酬管理体系。一是将职工工资与绩效制接轨，与地区市场化工资相一致；二是继续加大高危工资在职工工资总额中的占比，加大对安全行为的奖励和违章处罚的实行力度；三是将个人工资水平与团队绩效相结合，提高团队配合能力；四是对技术人才实行激励奖励机制，按照技术贡献情况给予不同程度的奖励。实行技术型人才储备计划，鼓励职工参评专业技术资格，企业将按照职称给予职工不同层级的津贴。

（3）职工监管。煤矿企业要加强对有关用工法律法规的学习，保护职工的基本劳动利益，包括工资、工时、合同期等。企业要建立工人动态数据库，随时掌握职工的工种职务、资格证书、培训成绩、出勤情况等信息。企业要保护职工参与安全建设工作的权利，鼓励职工通过职工代表大会等形式表达个人意见，企业要重视并酌情采纳。煤矿企业管理者要严格杜绝私招乱雇、冒名顶替的现象发生。这种现象是人力管理的一项重大失误，一旦发生将为安全生产带来重大隐患。安全监察部门、企业领导层要清醒地认识到此类事情的危害性，严格把控，不定期抽查，一经发现，则实行连带责任追究制。

（4）优化用人数量。煤矿企业应该坚持"少人高效"劳动组织模式，对于高危岗位，适当实行一人多职，一岗多能，积极推进数字化、信息化、智能化矿井建设，不断向机械化作业方式调整，优化新工艺，推进设备集中控制，集中化生产，减少人工数量，降低生产过程危险系数。科学合理的工时安排和假期设置能够保证矿工在工作时间保持饱满的精力，降低安全事故风险隐患。由于煤矿行业的工种特殊性，企业在制定工时制度时必须禁止矿工超长时间作业导致职工精神疲劳，在遵守劳动部门相关用工规定的基础上应该给予特殊岗位职工更多的休息时间。

（5）人才储备。企业若想从根本上改进人才结构，必须响应政府号召，做好长期人才储备规划的准备。对于关键重点岗位，实行人才定额储备计划。针对企业自身情况，每年制定招录比例。对于入职新人制定三至五年、五至十年培养计划。实行轮岗制，内部竞聘制，为企业提供内部干部储备，激发员工工作热情，提高企业活力，改善企业人才结构。

第七节　充分发挥经济杠杆在煤矿安全建设中的作用

在煤矿生产中坚持科学的经济规律有利于建立长效性的安全生产机制。可以通过以下手段，充分发挥经济杠杆的作用。

一、强化煤矿安全保险制度

工伤保险是社会基本保障制度的一个内容，具备费率级差和社会共担风险的特征，因此可用来督促企业重视安全生产，加大安全生产投入，减少安全事故损失。煤矿行业引入工伤保险制度主要通过两个方面促进企业安全生产。一是增加企业安全生产专项投入资金。国家从工伤保险金中划拨出一部分返还给企业用于投入安全生产相关方面。二是国家宏观调控企业缴纳保险金的差别费率和浮动费率，通过及时调整费率，激励企业协调配合安全监察机构，从经济效益角度鼓励监督企业改善安全经营现状，减少事故发生率。

亟待研究更科学合理的工伤保险费率机制，强化保险费率与企业风险的关联性，以更好地体现工伤保费率机制对安全生产的工伤预防、事故补贴等经济杠杆作用。建立细致化的多档次税率，确保风险等级不同的煤矿企业能够找到适合自身企业的费率级别，找到企业运营成本和风险收益之间平衡点。

扩大煤炭行业工伤保险覆盖面，利用相关法律法规强制多人参保，对于无视法律法规轻视员工参加工伤保险的煤矿，相关规制部门要加大对其处罚力度。政府部门还可以采取对参保企业优先发放许可证、审核验收证、保险费计入生产成本科目等优惠政策，积极引导煤矿企业参与投保安全生产保险。对于忽视当地政府的法规，消极抵制工伤保险推行的煤矿企业，一旦在日后安全监察中发现问题，地方政府将对其采取较大力度的处罚。以国有大型煤矿为示范单位，再向小型煤矿辐射推广，采取强制投保的手段扩大参保覆盖面，控制业务经营风险。

二、采用优惠的税收政策鼓励煤矿安全发展

根据煤矿企业的安全生产建设所达到的不同标准，政府部门应该给予煤矿企业相对应的税收优惠政策。例如煤矿维简费（更新改造资金）、所得税返还、安全生产固定资产投入减免调节税、流转税等。这些税收优惠政策充分体现了经济杠杆的作用，一定程度上降低了煤矿企业的安全投入成本，增强了企业对安全投资的资金使用效率和活力，增强了政府对企业安全生产的宏观调控。

设立煤矿安全专项基金。专项基金用于紧急救助发生矿难事故的煤矿，或者将此项基金按比例每年返还给安全生产建设较好的煤矿。此项基金的设立可以引进较多的民间资本，有助于政府部门的宏观调控。进一步推进煤炭资源税制改革，将煤炭资源列为重要矿产资源，对其实行强制性保护政策，提高煤炭资源税水平进而提高煤炭生产成本。

实行鼓励煤矿安全生产的税收政策。对于符合国家生产标准，并且在通风、防尘、防火方面设有较完备的安全设施的煤矿企业，采用企业所得税征收减半等优惠政策。鼓励煤矿企业引进高精尖人才，对于引进的人才实行薪资所得税优惠政策。对积极开展安全培训教育工作的煤矿企业实行税收优惠政策。鼓励对煤矿安全技术的研究，例如瓦斯抽放技术。建议相关部门将瓦斯抽放技术研究列入专项科研项目，吸纳民间资本设立专项基金用于此项技术攻关。鼓励企业自主创新，通过提供一定程度的财政补贴和低利率贷款政策加快企业设备的更新和技术改造，包括井下防火灭火、井下水患治理、薄煤层采煤工艺等，加快推进对新技术的实践和应用。

三、提高职工伤亡抚恤标准

目前，我国煤矿职工伤亡抚恤标准偏低，较低的抚恤补偿助长了煤矿企业负责人为追求经济利益，以牺牲一线职工生命安全为代价的侥幸心理。这种非人性

化的管理现象亟待政府部门出台政策提高事故伤亡的抚恤标准和处理成本。政府可以采用预收备用金的手段提高煤矿企业准入门槛，约束煤矿企业加大对煤矿安全生产设施的投入成本，同时降低事故发生率。如果政府部门提高事故伤亡补偿标准，使得伤亡补偿较大程度地高于安全生产设施的投入，那么煤矿企业会以经济利益最大化为目标，重视对安全生产方面的建设和投入。在科学的保险机制下，企业大面积参保后，将会转移大部分工伤保险赔偿责任至保险公司，从而减轻企业对事故赔偿的责任。所以如果工伤事故赔偿力度不够，将不会对煤矿企业形成较好的约束效果。

参考文献

[1] FRY A F, HALE S. Relationships among processing speed, working memory, and fluid intelligence in children[J]. Biological psychology, 2000, 54(1–3): 1–34.

[2] O' TOOLE R E, FERRY J L. The growing importance of elder care benefits for an aging workforce[J]. Compensation and Benefits Management, 2002, 18(1): 40–44.

[3] ZOHAR D. Safety climate in industrial organizations: theoretical and applied implications[J]. Journal of applied psychology, 1980, 65(1): 96.

[4] IAEA. Using the Health Belief Model to Predict Safer Sex Intentions among Adolescents[J]. Health Education Quarterly,1991,18(4)：254–283.

[5] OECD. International Tax Avoidance and Evasion[J]. Intertax, 1987(11–12): 435–446.

[6] INSAG. Safety culture: a report by the International Nuclear Safety Advisory Group[M]. International Atomic Energy Agency, 1991.

[7] GULDENMUND F W. The nature of safety culture: a review of theory and research[J]. Safety science, 2000, 34(1–3): 215–257.

[8] COOPER R G, EDGETT S J, KLEINSCHMIDT E J. Benchmarking best NPD practices—II[J]. Research–Technology Management, 2004, 47(3): 50–59.

[9] DENNISON C, CANTERS G W. The CuA site of cytochrome c oxidase[J]. Recueil des Travaux Chimiques des Pays–Bas, 1996, 115(7–8): 345–351.

[10] GADD M , PISC C , BRANDA J ,et al.Regulation of cyclin D1 and p16(INK4A) is critical for growth arrest during mammary involution[J].Cancer Research, 2002, 61(24):8811–8819.

[11] 于广涛，王二平．安全文化的内容、影响因素及作用机制 [J]. 心理科学进展，2004(01)：87–95.

[12] GLENNON R A, YOUNG R, ROSECRANS J A, et al. Discriminative stimulus properties of MDA analogs[J]. Biological Psychiatry, 1982, 17(7): 807–814.

[13] BROWN R L, HOLMES H. The use of a factor–analytic procedure for assessing

the validity of an employee safety climate model[J]. Accident Analysis & Prevention, 1986, 18(6): 455–470.

[14] DEDOBBELEER N, BÉLAND F. A safety climate measure for construction sites[J]. Journal of safety research, 1991, 22(2): 97–103.

[15] COYLE J D, CHALLINER J F, HAWS E J, et al. Synthesis of a 4–hydroxyisoquinolin–1–one and a related dibenzo [α, g] quinolizin–8–one[J]. Journal of Heterocyclic Chemistry, 1980, 17(5): 1131–1132.

[16] COX C R, CHECKETTS M R, MACKENZIE N,et al. Comparison of bupivacaine with racemic (RS)–bupivacaine in supraclavicular brachial plexus block[J]. British journal of anaesthesia, 1998, 80(5): 594–598.

[17] MCDONALD S. Differential pragmatic language loss after closed head injury: Ability to comprehend conversational implicature[J]. Applied Psycholinguistics, 1992, 13(3): 295–312.

[18] GLENDON A I, LITHERLAND D K. Safety climate factors, group differences and safety behaviour in road construction[J]. Safety science, 2001, 39(3): 157–188.

[19] GAN Z, FU B B, DONG M. Interactive and wearable MIP recognition technique combine pattern recognition and spatial tracking based on SPG sampling[J]. WSEAS Transactions on Biology and Biomedicine, 2014, 11: 82–87.

[20] ZOHAR D. A group–level model of safety climate: testing the effect of group climate on microaccidents in manufacturing jobs[J]. Journal of applied psychology, 2000, 85(4): 587.

[21] ZOHAR D, Luria G. A multilevel model of safety climate: cross–level relationships between organization and group–level climates[J]. Journal of applied psychology, 2005, 90(4): 616.

[22] ZOHAR D, Tenne–Gazit O. Transformational leadership and group interaction as climate antecedents: a social network analysis[J]. Journal of applied psychology, 2008, 93(4): 744.

[23] COX P J, SIMPKINS N S. Asymmetric synthesis using homochiral lithium amide bases[J]. Tetrahedron: Asymmetry, 1991, 2(1): 1–26.

[24] OSTROM T M, CARPENTER S L, SEDIKIDES C, et al. Differential processing of in–group and out–group information[J]. Journal of Personality and Social

Psychology, 1993, 64(1): 21.

[25] D H.M, A K. L, Margaux J, et al. Understanding the relationship between safety culture and safety performance indicators in U.S. nuclear waste cleanup operations[J]. Safety Science, 2023: 166

[26] COOPER M L. Motivations for alcohol use among adolescents: Development and validation of a four−factor model[J]. Psychological assessment, 1994, 6(2): 117.

[27] Niskanen T, Naumanen P, Hirvonen L M .Safety compliance climate concerning risk assessment and preventive measures in EU legislation: A Finnish survey[J]. Safety Science, 2012, 50(9):1929−1937.

[28] BURKE L, LOGSDON J M. How corporate social responsibility pays off[J]. Long range planning, 1996, 29(4): 495−502.

[29] WILLIAMSON J G. Globalization and inequality, past and present[J]. The World Bank Research Observer, 1997, 12(2): 117−135.

[30] GULDENMUND F W .The nature of safety culture: a review of theory and research[J].Safety Science, 2000, 34(1):215−257.

[31] COX S J, CHEYNE A J T. Assessing safety culture in offshore environments[J]. Safety science, 2000, 34(1−3): 111−129.

[32] COOPER R G, EDGETT S J, KLEINSCHMIDT E J. New problems, new solutions: making portfolio management more effective[J]. Research−Technology Management, 2000, 43(2): 18−33.

[33] 黄吉欣, 方东平, 何伟荣 . 对建筑业安全文化的再思考 [J]. 中国安全科学学报, 2006(08)：78−81+145.

[34] 陆柏, 陈培, 张江石, 等 . 企业安全氛围因子结构和要素组合关系测评研究 [J]. 中国安全科学学报, 2008(03):95−102+180.

[35] SUSAN E, JACOBS,et al. Cochrane Review: Cooling for newborns with hypoxic ischaemic encephalopathy[J]. Evidence Based Child Health A Cochrane Review Journal, 2008, 3（4）:1049−1115.

[36] 国家安全生产监督管理总局 . 企业安全文化建设导则：AQ/T9004−2008[S]. 北京：煤炭工业出版社，2008.

[37] HALE C S, HERRING W O, SHIBUYA H, et al. Decreased growth in Angus steers with a short TG−microsatellite allele in the P1 promoter of the growth hormone receptor gene[J]. Journal of Animal Science, 2000, 78(8): 2099−2104.

[38] GLENDON A I, STANTON N A. Perspectives on safety culture[J]. Safety science, 2000, 34(1-3): 193-214.

[39] MCSWEEN JR H Y, TAYLOR G J, WYATT M B. Elemental composition of the Martian crust[J]. science, 2009, 324(5928): 736-739.

[40] HU W, CICCHINO J B. The effects of left-turn traffic-calming treatments on conflicts and speeds in Washington, DC[J]. Journal of safety research, 2020, 75: 233-240.

[41] COYLE K. CFP `95: Hackers and spooks battle for liberty in cyberspace[J]. Wilson Library Bulletin, 1995, 69(10):17.

[42] ABBASI M, JOHANSSON T, NORMANN R A. Silicon-carbide-enhanced thermomigration[J]. Journal of applied physics, 1992, 72(5): 1846-1851.

[43] GLENDON M A. Welfare rights at home and abroad[J]. Current, 1994(367): 11.

[44] POLLATSEK A, WELL A D. On the use of counterbalanced designs in cognitive research: a suggestion for a better and more powerful analysis[J]. Journal of Experimental psychology: Learning, memory, and Cognition, 1995, 21(3): 785.

[45] JANSSEN G, PEARCE B, HOLINDE K, et al. Structure of the scalar mesons $f_0(980)$ and $a_0(980)$[J]. Physical Review D - PHYS REV D, 1995, 52: 2690-2700.

[46] BERENDS M, KORETZ D M. Reporting Minority Students' Test Scores: How Well Can the National Assessment of Educational Progress Account for Differences in Social Context?[J]. Educational Assessment, 1996, 3(3): 249-85.

[47] CABRERA L A, ELBULUK M E, HUSAIN I. Tuning the stator resistance of induction motors using artificial neural network[J]. IEEE Transactions on Power Electronics, 1997, 12(5): 779-787.

[48] Teodor P, Tit A, Eva T. Safety culture in the operating room: translation, validation of the safety attitudes questionnaire-operating room version[J]. BMC Health Services Research, 2023, 23(1): 491-491.

[49] MARTINSSON B G, CEDERFELT S I, SVENNINGSSON B, et al. Experimental determination of the connection between cloud droplet size and its dry residue size[J]. Atmospheric Environment, 1997, 31(16): 2477-2490.

[50] DIETZ T, ROSA E A. Effects of population and affluence on CO_2 emissions[J]. Proceedings of the National Academy of Sciences, 1997, 94(1): 175-179.

[51] GLENDON M A. Contrition in the age of spin control[J]. First Things: A Monthly

Journal of Religion and Public Life, 1997 (77): 10–13.

[52] RUNDMO T, HESTAD H, ULLEBERG P. Organisational factors, safety attitudes and workload among offshore oil personnel[J]. Safety science, 1998, 29(2): 75–87.

[53] BEAUMONT S L, CHEYNE J A. Interruptions in adolescent girls' conversations: Comparing mothers and friends[J]. Journal of Adolescent Research, 1998, 13(3): 272–292.

[54] MEARNS-SPRAGG A, BREGU M, BOYD K G, et al. Cross–species induction and enhancement of antimicrobial activity produced by epibiotic bacteria from marine algae and invertebrates, after exposure to terrestrial bacteria[J]. Letters in Applied Microbiology, 1998, 27(3): 142–146.

[55] CARROLL P, LEWIN G R, KOLTZENBURG M, et al. A role for BDNF in mechanosensation[J]. Nature neuroscience, 1998, 1(1): 42–46.

[56] CLARK R, ANDERSON N B, CLARK V R, et al. Racism as a stressor for African Americans: A biopsychosocial model[J]. American psychologist, 1999, 54(10): 805.

[57] GIOVANNUCCI E, STAMPFER M J, CHAN A, et al. CAG repeat within the androgen receptor gene and incidence of surgery for benign prostatic hyperplasia in US physicians[J]. The Prostate, 1999, 39(2): 130–134.

[58] GROSSMAN D, MCNIFF J M, LI F, et al. Expression and targeting of the apoptosis inhibitor, survivin, in human melanoma[J]. Journal of Investigative Dermatology, 1999, 113(6): 1076–1081.

[59] 张新梅，潘游，陈国华，等 . 重大工业事故隐患辨识与评价方法研究 [J]. 中国安全科学学报，2006(05) : 111–116+147.

[60] 任德曦，胡泊 . 核电营运安全文化主体考 [J]. 中国安全科学学报，2000(05) : 26–30+1.

[61] VARONEN U, MATTILA M. The safety climate and its relationship to safety practices, safety of the work environment and occupational accidents in eight wood–processing companies[J]. Accident Analysis & Prevention, 2000, 32(6): 761–769.

[62] RUNDMO T. Safety climate, attitudes and risk perception in Norsk Hydro[J]. Safety science, 2000, 34(1–3): 47–59.

[63] MASON P, CHEYNE J. Residents' attitudes to proposed tourism development[J].

Annals of tourism research, 2000, 27(2): 391–411.

[64] FLIN R, MEARNS K, O'CONNOR P, et al. Measuring safety climate: identifying the common features[J]. Safety science, 2000, 34(1–3): 177–192.

[65] SINKS G D, SCHULTZ T W. Correlation of Tetrahymena and Pimephales toxicity: evaluation of 100 additional compounds[J]. Environmental Toxicology and Chemistry: An International Journal, 2001, 20(4): 917–921.

[66] DOMINGUEZ K M E. The market microstructure of central bank intervention[J]. Journal of International economics, 2003, 59(1): 25–45.

[67] 郝育国. 基于安全评价的海运安全管理探讨 [J]. 世界海运，2003(06)：10–11+13.

[68] 毛海峰. 试论我国安全生产的运行机制 [J]. 中国安全科学学报，2003(04)：14–17.

[69] COOPER R G, EDGETT S J, KLEINSCHMIDT E J. Benchmarking best NPD practices—Ⅲ [J]. Research–Technology Management, 2004, 47(6): 43–55.

[70] GEN–NIAN Q, QI–LONG D, CHUI–YU Z. The Evaluation In The Dianostic Value of Cerebrovascular Diseases By MRA[J]. Journal of Practical Medical Techniques, 2004(10):1261–1263.

[71] CALBET A, LANDRY M R. Phytoplankton growth, microzooplankton grazing, and carbon cycling in marine systems[J]. Limnology and Oceanography, 2004, 49(1): 51–57.

[72] WATSON G. The Second Surrender[J]. Quadrant, 2005, 49(3): 76–77.

[73] CHIN–SHAN C, BAO–YAN L, LU Z, et al. ACUPUNCTURE FOR PRIMARY DYSMENORRHEA—— A meta–analysis[J]. 世界针灸杂志：英文版，2005，15(1): 53–57.

[74] HÅVOLD J I. Safety culture and safety management aboard tankers[J]. Reliability Engineering & System Safety, 2010, 95(5): 511–519.

[75] 宋晓燕. 企业安全文化评价指标体系研究 [D]. 北京：首都经济贸易大学，2005.

[76] CHEN P Y, HUANG Y H. Conducting telephone surveys[J]. The Pschology Research Handbook: A Guide for Graduate Students and Research Assistants. London: Sage Publications, 2006: 210–226.

[77] GREENBERG A S, OBIN M S. Obesity and the role of adipose tissue in

inflammation and metabolism[J]. The American journal of clinical nutrition, 2006, 83(2): 461S–465S.

[78] ASA C S, BAUMAN J E, COONAN T J, et al. Evidence for induced estrus or ovulation in a canid, the island fox (Urocyon littoralis)[J]. Journal of Mammalogy, 2007, 88(2): 436–440.

[79] ZHOU Q, FANG D, WANG X. A method to identify strategies for the improvement of human safety behavior by considering safety climate and personal experience[J]. Safety Science, 2008, 46(10): 1406–1419.

[80] 李永哲，路小军. 支农贷款供需错位分析及建议 [J]. 甘肃金融，2007(06)：65.

[81] 丁明蓉. 企业安全氛围测量工具的初步开发 [D]. 江苏：江苏大学，2007.

[82] 夏滨，刘新生. 德州供电公司 [J]. 电力安全技术，2009，11(08):41.

[83] HSU S H, LEE C C, WU M C, et al. A cross–cultural study of organizational factors on safety: Japanese vs. Taiwanese oil refinery plants[J]. Accident Analysis & Prevention, 2008, 40(1): 24–34.

[84] HIVIK D, THARALDSEN J E, BASTE V, et al. What is most important for safety climate: The company belonging or the local working environment?–A study from the Norwegian offshore industry[J]. Safety science, 2009, 47(10): 1324–1331.

[85] NIELSEN R, PEDERSEN T Å, HAGENBEEK D, et al. Genome–wide profiling of PPAR γ : RXR and RNA polymerase II occupancy reveals temporal activation of distinct metabolic pathways and changes in RXR dimer composition during adipogenesis[J]. Genes & development, 2008, 22(21): 2953–2967.

[86] KRISTOFFERSEN I, GERRANS P, CLARK–MURPHY M. Corporate social performance and financial performance[J]. Accounting, Accountability & Performance, 2008, 14(2): 45–90.

[87] POUSETTE A, LARSSON S, TÖRNER M. Safety climate cross–validation, strength and prediction of safety behaviour[J]. Safety science, 2008, 46(3): 398–404.

[88] LU C S, LIN C C, LEE M H. An evaluation of container development strategies in the Port of Taichung[J]. The Asian Journal of Shipping and Logistics, 2010, 26(1): 93–118.

[89] MELIÁ J L, MEARNS K, SILVA S A, et al. Safety climate responses and the perceived risk of accidents in the construction industry[J]. Safety science, 2008,

46(6): 949–958.

[90] SALMINEN S. Two interventions for the prevention of work–related road accidents[J]. Safety Science, 2008, 46(3): 545–550.

[91] LIN S H, TANG W J, MIAO J Y, et al. Safety climate measurement at workplace in China: A validity and reliability assessment[J]. Safety Science, 2008, 46(7): 1037–1046.

[92] BAEK J B, HAM B H, BAE S. Safety Climate Assessment and Its Relation to Reliability in Korean Manufacturing Plants[C]. World Multiconference on Systemics, Cybernetics and Informatics, 2005.

[93] MOHAMED S, ALI T H, TAM W Y V. National culture and safe work behaviour of construction workers in Pakistan[J]. Safety science, 2009, 47(1): 29–35.

[94] HÅVOLD J I. National cultures and safety orientation: A study of seafarers working for Norwegian shipping companies[J]. Work & Stress, 2007, 21(2): 173–195.

[95] MEARNS K, FLIN R, GORDON R, et al. Measuring safety climate on offshore installations[J]. Work & Stress, 1998, 12(3): 238–254.

[96] COYLE A J, LEGROS G, BERTRAND C, et al. Interleukin–4 is required for the induction of lung Th2 mucosal immunity[J]. American journal of respiratory cell and molecular biology, 1995, 13(1): 54–59.

[97] DUBOIS B, ALBERT M L. Amnestic MCI or prodromal Alzheimer's disease?[J]. The Lancet Neurology, 2004, 3(4): 246–248.

[98] LIN G R, PAI Y H, LIN C T. Microwatt MOSLED Using With Buried Si Nanocrystals on Si Nano–Pillar Array[J]. Journal of lightwave technology, 2008, 26(11): 1486–1491.

[99] CHEYNE A J, ALEXANDER M, COX S J. Innovative approaches to safety culture measurement in offshore environments[J]. 1997: 111–116.

[100] MOHAMED A K, BIERHAUS A, SCHIEKOFER S, et al. The role of oxidative stress and NF–κB activation in late diabetic complications[J]. Biofactors, 1999, 10(2–3): 157–167.

[101] YANG C S, LU C S, HAIDER J J, et al. The effect of green supply chain management on green performance and firm competitiveness in the context of container shipping in Taiwan[J]. Transportation Research Part E: Logistics and

Transportation Review, 2013, 55: 55–73.

[102] SAAYMAN A, SAAYMAN M, GYEKYE A. Perspectives on the regional economic value of a pilgrimage[J]. International Journal of Tourism Research, 2014, 16(4): 407–414.

[103] MARSHAKOV A, WIEGMANN P, ZABRODIN A. Integrable structure of the Dirichlet boundary problem in two dimensions[J]. Communications in mathematical physics, 2002, 227: 131–153.

[104] MARSHAKOV A , WIEGMANN P , ZABRODIN A .Integrable Structure of the Dirichlet Boundary Problem in Two Dimensions[J].Communications in Mathematical Physics, 2002, 227(1):131–153.

[105] THARALDSEN J E, OLSEN E, RUNDMO T. A longitudinal study of safety climate on the Norwegian continental shelf[J]. Safety Science, 2008, 46(3): 427–439.

[106] VINODKUMAR M N, BHASI M. Safety climate factors and its relationship with accidents and personal attributes in the chemical industry[J]. Safety science, 2009, 47(5): 659–667.

[107] WEBSTER B S, COURTNEY T K, HUANG Y H, et al. Survey of Acute Low Back Pain Management by Specialty Group and Practice Experience[J]. Journal of Occupational and Environmental Medicine, 2006, 48(7): 723–732.

[108] HSU P P, SABATINI D M. Cancer cell metabolism: Warburg and beyond[J]. Cell, 2008, 134(5): 703–707.

[109] 樊运晓，余红梅，王晓红，等 . 供电企业面向作业危险辨识方法研究 [J]. 中国安全科学学报，2009，19(12) : 165–170.

[110] HSU C L, LIN J C C. Acceptance of blog usage: The roles of technology acceptance, social influence and knowledge sharing motivation[J]. Information & management, 2008, 45(1): 65–74.

[111] MEARNS K, WHITAKER S M, FLIN R. Safety climate, safety management practice and safety performance in offshore environments[J]. Safety science, 2003, 41(8): 641–680.

[112] LANPHEAR B P, DIETRICH K, AUINGER P, et al. Cognitive deficits associated with blood lead concentrations<10microg/dL in US children and adolescents[J]. Public health reports, 2000, 115(6): 521–529.

[113] GYEKYE K. Our cultural values and national orientation[J]. Ghana, 2008, 50: 103–131.

[114] AHMED J M, MINTZ G S, WAKSMAN R, et al. Safety of intracoronary γ–radiation on uninjured reference segments during the first 6 months after treatment of in–stent restenosis: A serial intravascular ultrasound study[J]. Circulation, 2000, 101(19): 2227–2230.

[115] BIRD P, PERRY F V, LIVACCARI R F. Isotopic evidence for preservation of Cordilleran lithospheric mantle during the Sevier–Laramide orogeny, western United States: Comment and Reply[J]. Geology, 1994, 22(7): 670–672.

[116] UTSEY S O, ADAMS E P, BOLDEN M. Development and initial validation of the Africultural Coping Systems Inventory[J]. Journal of Black psychology, 2000, 26(2): 194–215.

[117] KREISER P M, MARINO L D, WEAVER K M. Assessing the psychometric properties of the entrepreneurial orientation scale: A multi–country analysis[J]. Entrepreneurship theory and practice, 2002, 26(4): 71–93.

[118] KEENAN V, KERR W, SHERMAN W. Psychological climate and accidents in an automotive plant[J]. Journal of Applied Psychology, 1951, 35(2): 108.

[119] TAMURA K, PETERSON D, PETERSON N, et al. MEGA5: molecular evolutionary genetics analysis using maximum likelihood, evolutionary distance, and maximum parsimony methods[J]. Molecular biology and evolution, 2011, 28(10): 2731–2739.

[120] AHMED N U, MONTAGNO R V, FIRENZE R J. Organizational performance and environmental consciousness: an empirical study[J]. Management Decision, 1998, 36(2): 57–62.

[121] BALL L K, BALL R, PRATT R D. An assessment of thimerosal use in childhood vaccines[J]. Pediatrics, 2001, 107(5): 1147–1154.

[122] 刘铁民，朱慧，张程林. 略论事故灾难中的系统脆弱性——基于近年来几起重特大事故灾难的分析 [J]. 社会治理，2015(04)：65–70.

[123] RAO R V, CASTRO–OBREGON S, FRANKOWSKI H, et al. Coupling endoplasmic reticulum stress to the cell death program: an Apaf–1–independent intrinsic pathway[J]. Journal of Biological Chemistry, 2002, 277(24): 21836–21842.

[124] 刘铁民 . 安全生产基础建设继承与创新——近期几起重特大事故的反思 [J]. 中国安全生产科学技术，2013，9(12)：5–15.

[125] 任智刚，王宇航，王浩，等 . 我国两省份安全生产人才资源现状和问题及其原因探析 [J]. 中国安全生产科学技术，2013，9(09)：79–84.

[126] BÄCKMAN L, JONES S, BERGER A K, et al. Cognitive impairment in preclinical Alzheimer's disease: a meta-analysis[J]. Neuropsychology, 2005, 19(4): 520.

[127] 曹渝 . 煤矿工人心理安全感的影响因素实证研究 [D]. 长沙：中南大学，2012.

[128] 李芳薇 . 大亚湾核电站建设过程中的危机应对研究 [D]. 上海：上海交通大学，2019.

[129] 肖兴志 . 中国煤矿安全规制：理论与实证 [C]. 辽宁省哲学社会科学成果奖评审委员会办公室 . 辽宁省哲学社会科学获奖成果汇编 [2009–2010 年度]. 沈阳：辽宁人民出版社，2013：193–199.

[130] 解北京，李成武，栗婧 . 安全工程专业 "危险化学品安全管理" 课程建设 [J]. 教育教学论坛，2018(44)：56–58.

[131] 吕秀江，王雪颖，曹旭 . 我国煤矿安全政策控灾因子分析 [J]. 煤矿安全，2013，44(02)：211–213.

[132] REASON P. Reflections on the purposes of human inquiry[J]. Qualitative Inquiry, 1996, 2(1): 15–28.

[133] TALLMAN S, JENKINS M, HENRY N, et al. Knowledge, clusters, and competitive advantage[J]. Academy of management review, 2004, 29(2): 258–271.

[134] 潘晓安，吴克烈 . 制度、技术与经济增长关系新探 [J]. 浙江理工大学学报，2006(04)：479–483.

[135] 昝廷全 . 系统经济学研究：经济系统的基本特征 [J]. 经济学动态，1996(11)：10–15.

[136] 昝廷全 . 系统经济学的公理系统：三大基本原理 [J]. 管理世界，1997(02)：212+217.

[137] 昝廷全 . 经济系统的资源位凹集模型及其政策含义 [J]. 中国工业经济，2004(12)：83–89.

[138] 吴刚 . 提高企业经济效益的根本在于促进技术进步 [J]. 经营与管理，

1989(01)：43–45+41.

[139] 李毅中. 当前加强安全生产的八大措施 [J]. 中国煤炭工业，2007，(04) :4–7.

[140] NELSON R, WINTER S. An Evolutionary Theory Of Economic Change[J]. Bibliovault OAI Repository, the University of Chicago Press, 1982, 32.

[141] WINTER S G. Economic Natural Selection and the Theory of the Firm[J]. LEM Chapters Series, 1964, 4(1): 225–272.

[142] MARCH J G, SIMON H A. Organizations[J]. Social Science Electronic Publishing, 2009, 2(1): 105–132.

[143] COHEN L. General approach for obtaining joint representations in signal analysis and an application to scale[C]//Advanced Signal Processing Algorithms, Architectures, and Implementations II. SPIE, 1991, 1566: 109–133.

[144] BRUMANA M, DELMESTRI G. Divergent glocalization in a multinational enterprise: Institutional–bound strategic change in European and US subsidiaries facing the late–2000 recession[J]. Journal of Strategy and Management, 2012, 5(2): 124–153.

[145] HALL R L, HITCH C J. PRICE THEORY AND BUSINESS BEHAVIOUR[J]. Oxford Economic Papers, 1939, os–2(1): 12–45.

[146] KATONA G. Psychological analysis of business decisions and expectations[J]. The American Economic Review, 1946, 36(1): 44–62.

[147] MEYER J P, BECKER T E, VANDENBERGHE C. Employee commitment and motivation: a conceptual analysis and integrative model[J]. Journal of applied psychology, 2004, 89(6): 991.

[148] KREPS D M. Corporate culture and economic theory[J]. Perspectives on positive political economy, 1990, 90(109–110): 8.

[149] LAZEAR E P. Personnel economics[M]. Cambridge:MIT press, 1995.

[150] FIOL C M, LYLES M A. On organizational learning[M]. New Jersgy:Blackwell Business, 1999.

[151] LEVITT B, MARCH J G. Organizational learning[J]. Annual review of sociology, 1988, 14(1): 319–338.

[152] 梁梁，张晶, 方猛. 论组织结构对组织学习的影响 [J]. 华东经济管理，1999(04) : 21–22.

[153] Seo D C,Lee H J,Hwang H N,et al.Treatment of non–biodegradable cutting

oil wastewater by ultrasonication–Fenton oxidation process.Water science and technology: a journal of the International Association on Water Pollution Research(1–2),2007: 251–9.

[154] Chen M, Chan A. Employee and union inputs into occupational health and safety measures in Chinese factories[J].Social Science Medicine, 2004, 58(7): 1231–1245.

[155] Jin–Shan L, Xu–Ren X, Jian–Hua A, et al. Necessity and safety of conversion from mycophenolate mofetil to AzA thioprine after renal transplantation[J]. Zhonghua yi xue za zhi, 2005, 85(10): 657–660.

[156] Hvold J I. Safety–culture in a Norwegian shipping company[J]. Journal of Safety Research, 2005, 36(5): 441–458.

[157] Wills R A, Watson B, Biggs C H .Comparing safety climate factors as predictors of work–related driving behavior[J]. Journal of Safety Research, 2006, 37(4): 375–383.

[158] Ek A, Akselsson R, Arvidsson M, et al.Safety culture in Swedish air traffic control[J]. Safety science, 2007, 45(7): 791–811.

[159] Findley M, Smith S, Gorski J, et al. Safety climate differences among job positions in a nuclear decommissioning and demolition industry: Employees' self–reported safety attitudes and perceptions[J]. Safety science, 2007, 45(8): 875–889.

[160] Zhou Q, Fang D, Wang X. A method to identify strategies for the improvement of human safety behavior by considering safety climate and personal experience[J]. Safety Science, 2007, 46(10): 1406–1419.

[161] 樊晶光，张建芳，王海椒，等 . 我国煤矿尘肺病防治现状、问题与对策建议 [J]. 职业卫生与应急救援，2021，39(01): 1–5.

[162] 荆全忠，张福俊 . 煤矿事故致因研究国外文献评述 [J]. 中国煤炭，2013，39(02): 116–118+122.

[163] 肖兴志，郭启光 . 体制改革、结构变化与煤矿安全规制效果——兼析规制周期的影响 [J]. 财经问题研究，2014，(09): 32–38

[164] Minter S. Workplace Safety: Small Failures and the Occasional Catastrophe[J]. Industry Week, 2014, 263(4): 38–38.

[165] 魏道江，李慧民，康承业 . 项目型组织内部知识共享的系统动力学仿真研

究 [J]. 情报理论与实践，2014，37(09)：79–85.

[166] 刘铁民. 站在新的历史起点全面推进安全风险治理能力现代化[J].中国消防，2022，(07)：49–51.

[167] 刘铁民，张程林. 从问责调查到问题调查——基于系统论和系统安全理论的思考与建议 [J]. 中国安全生产科学技术，2016，12(09)：5–13.

[168] 李毅中. 坚持"安全发展"落实"综合治理"推进"依法治安"[J]. 现代职业安全，2014，(12)：66–68.

[169] Machete L R .Contrasting probabilistic scoring rules[J]. Journal of Statistical Planning and Inference, 2013, 143(10): 1781–1790.